信息技术

主　编　田　丽
副主编　闫伟丽　刘　辉
参　编　盛格格　杨金澔

内 容 简 介

本书主要内容包括现代信息技术概述、Windows 操作系统及其应用、Word 2016 文字处理、Excel 2016 电子表格、PowerPoint 2016 演示文稿、互联网与人工智能等。

本书紧密结合当前教育教学改革和时代发展的需求,内容丰富全面,层次结构清晰,图文并茂,讲解深入浅出,易于教学与自学。书中既有扎实的理论知识,又包含大量难易适中的实践案例,实现了理论与实践的完美结合,有助于读者快速掌握相关操作技能,具有很强的实用性和可操作性。本书既可作为高等职业院校公共基础课的教材,也可作为计算机初学者的自学参考书。

图书在版编目(CIP)数据

信息技术 / 田丽主编. -- 武汉:华中科技大学出版社,2025.1. -- ISBN 978-7-5772-1398-9

Ⅰ. TP3

中国国家版本馆 CIP 数据核字第 2025ZD6926 号

信息技术
Xinxi Jishu

田 丽 主编

策划编辑:金　紫
责任编辑:狄宝珠
封面设计:原色设计
责任监印:朱　玢

出版发行:华中科技大学出版社(中国·武汉)　　电话:(027)81321913
　　　　　武汉市东湖新技术开发区华工科技园　　邮编:430223
录　　排:华中科技大学惠友文印中心
印　　刷:武汉市洪林印务有限公司
开　　本:787mm×1092mm　1/16
印　　张:13
字　　数:333 千字
版　　次:2025 年 1 月第 1 版第 1 次印刷
定　　价:48.00 元

本书若有印装质量问题,请向出版社营销中心调换
全国免费服务热线:400-6679-118　　竭诚为您服务
版权所有　侵权必究

前　言

随着互联网技术的飞速发展,软件办公已经渗透到各个行业和岗位,信息处理已成为每一位高等职业学校毕业生不可或缺的基本技能。根据《高等职业教育专科信息技术课程标准(2021年版)》的教育理念,信息技术课程旨在增强学生的信息意识、提升计算思维、推动数字化创新与发展能力,并引导学生树立正确的信息社会价值观,培养学生的责任感。

本书编排具有以下特色:

(1) 融入工匠精神、民族团结、社会文明、尊老爱幼等思想政治教育元素,通过技能操作实践,潜移默化地实现思政教育目标,即培养学生务实上进、创造价值、实现自我价值的能力,使学生明确是非曲直,明确人生道路和行动方向,成为回馈社会、肩负民族希望、承担历史使命的人才。

(2) 提供丰富的案例素材,可根据学情灵活进行改编,并方便师生随时调取案例素材。

(3) 以"项目驱动"的方式组织教材内容,注重学生的主动性和主体地位,实现"教、学、做、评"一体化实施。

(4) 教材内案例附有操作技巧二维码,通过扫描二维码即可打开操作视频,供学生随时、反复观看。

(5) 企业参与编写,遵循职业教育教学特点,重点突出实际操作技能。编排以具体岗位的真实工作任务及其工作过程为依据,整合、序化教学内容,科学设计学习性工作任务,并采用相关教学方法,实现理论与实践的一体化。

全书共分为6个项目:

项目1主要介绍现代信息技术,包括信息素养与社会责任等内容。

项目2主要介绍Windows操作系统及其应用,包括操作系统概述、Windows基础、Windows资源管理器、Windows常用工具等内容。

项目3主要介绍Word 2016文字处理,包括公文排版、宣传单、定点扶贫成效统计表和长文档编辑等内容。

项目4主要介绍Excel 2016电子表格,包括电子表格的编辑、美化、计算以及数据分析与图表等内容。

项目5主要介绍PowerPoint 2016演示文稿,包括制作"工匠精神"演示文稿、"创新精神"演示文稿以及"厉害了我的国"演示文稿动画等内容。

项目6主要介绍互联网与人工智能等内容。

全书由田丽担任主编并统稿,刘辉、闫伟丽担任副主编,杨金澔、盛格格参与编写。企业专家提供了具体岗位的真实工作任务及其工作过程需求,并科学设计了学习性工作任务。在本书的编写过程中,我们参考了大量文献和资料,借鉴了其中的思想和精华,谨向这些作者表示感谢!

限于编者水平和能力，加之计算机技术和应用的快速发展，书中难免存在不足之处，敬请专家和读者批评指正。

编者

2024 年 11 月 1 日

目　　录

项目 1　现代信息技术概述 ··· 1
　项目 1.1　信息素养与社会责任 ··· 1
　　1.1.1　信息素养的概念 ··· 1
　　1.1.2　信息安全 ·· 2
　　1.1.3　信息伦理 ·· 4
　项目 1.2　现代信息技术概述 ··· 5
　　1.2.1　现代信息技术的种类 ··· 5
　　1.2.2　现代信息技术在企业中的应用 ·· 7

项目 2　Windows 操作系统及其应用 ··· 11
　项目 2.1　操作系统概述 ·· 11
　　2.1.1　操作系统的作用 ··· 11
　　2.1.2　操作系统的分类 ··· 11
　　2.1.3　常用操作系统 ·· 12
　项目 2.2　Windows 基础 ·· 13
　　2.2.1　Windows 系统概述 ·· 14
　　2.2.2　Windows 系统运行状态 ·· 14
　　2.2.3　Windows 桌面 ·· 15
　　2.2.4　Windows 系统窗口界面 ·· 25
　　2.2.5　Windows 菜单 ·· 26
　　2.2.6　Windows 命令提示符 ··· 26
　　2.2.7　剪贴板 ·· 28
　　2.2.8　鼠标设置 ·· 28
　　2.2.9　输入法 ··· 29
　项目 2.3　Windows 资源管理器 ··· 29
　　2.3.1　打开资源管理器 ··· 29
　　2.3.2　资源管理器的操作 ·· 29
　项目 2.4　Windows 系统设置 ·· 33
　　2.4.1　打开控制面板 ·· 33
　　2.4.2　更改时间设置 ·· 33
　　2.4.3　卸载程序 ·· 35
　　2.4.4　设置磁盘分区 ·· 36
　　2.4.5　设置环境变量 ·· 38
　项目 2.5　Windows 常用工具 ·· 39
　　2.5.1　磁盘工具 ·· 39
　　2.5.2　Windows 自带程序 ·· 40

项目 2.6　常用软件 ……………………………………………………… 41
　　2.6.1　压缩/解压软件 …………………………………………… 41
　　2.6.2　浏览器 …………………………………………………… 43
　　2.6.3　网盘 ……………………………………………………… 44
　　2.6.4　远程控制软件 …………………………………………… 44

项目 3　Word 2016 文字处理 …………………………………………… 47
　项目 3.1　公文排版 ……………………………………………………… 47
　　3.1.1　启动与退出 ……………………………………………… 48
　　3.1.2　Word 2016 窗口界面及功能区 ………………………… 48
　　3.1.3　Word 文档的基本操作 ………………………………… 50
　　3.1.4　编辑 Word 2016 文档 …………………………………… 51
　　3.1.5　字体格式设置 …………………………………………… 55
　　3.1.6　装饰段落 ………………………………………………… 59
　　3.1.7　项目符号和编号 ………………………………………… 60
　　3.1.8　边框和底纹 ……………………………………………… 60
　　3.1.9　首字下沉 ………………………………………………… 62
　　3.1.10　分栏 ……………………………………………………… 63
　　3.1.11　页面设置 ………………………………………………… 63
　　3.1.12　格式刷 …………………………………………………… 64
　项目 3.2　宣传单 ………………………………………………………… 67
　　3.2.1　插入图片 ………………………………………………… 69
　　3.2.2　编辑图片 ………………………………………………… 70
　　3.2.3　插入及编辑艺术字 ……………………………………… 76
　　3.2.4　插入与编辑形状 ………………………………………… 77
　　3.2.5　插入及编辑文本框 ……………………………………… 79
　项目 3.3　定点扶贫成效统计表 ………………………………………… 82
　　3.3.1　插入表格 ………………………………………………… 83
　　3.3.2　选定表格、单元格、行、列 …………………………… 84
　　3.3.3　插入行、列 ……………………………………………… 84
　　3.3.4　删除单元格、行、列 …………………………………… 84
　　3.3.5　合并和拆分单元格 ……………………………………… 84
　　3.3.6　移动表格 ………………………………………………… 85
　　3.3.7　调整行高、列宽 ………………………………………… 85
　　3.3.8　平均分布各行、各列 …………………………………… 86
　　3.3.9　设置对齐方式 …………………………………………… 86
　　3.3.10　设置表格边框和底纹 …………………………………… 86
　　3.3.11　套用内置表格样式 ……………………………………… 87
　　3.3.12　表格中数据的排序 ……………………………………… 87
　　3.3.13　表格中数据的计算 ……………………………………… 88

项目 3.4　长文档编辑 ··· 91
　　3.4.1　分隔符 ·· 92
　　3.4.2　页眉和页脚 ·· 92
　　3.4.3　插入题注 ·· 93
　　3.4.4　交叉引用 ·· 95
　　3.4.5　制作文档目录 ··· 95
　　3.4.6　设置水印 ·· 97

项目 4　Excel 2016 电子表格 ·· 100

项目 4.1　电子表格的编辑 ··· 100
　　4.1.1　熟悉 Excel 2016 工作界面 ·· 101
　　4.1.2　了解工作簿、工作表、单元格 ·· 103
　　4.1.3　切换工作簿视图 ··· 103
　　4.1.4　工作表窗口的拆分和冻结 ·· 103
　　4.1.5　选择工作表 ·· 103
　　4.1.6　工作表标签的操作 ··· 104
　　4.1.7　选择单元格 ·· 105
　　4.1.8　插入与删除单元格 ··· 105
　　4.1.9　输入表格数据 ··· 106
　　4.1.10　编辑单元格数据 ·· 107
　　4.1.11　查找与替换数据 ·· 107
　　4.1.12　设置行高和列宽 ·· 108

项目 4.2　电子表格的美化 ··· 115
　　4.2.1　设置工作表标签颜色 ·· 115
　　4.2.2　合并与拆分单元格 ··· 116
　　4.2.3　设置单元格格式 ··· 116
　　4.2.4　数据录入的简化方式 ·· 118
　　4.2.5　应用单元格样式 ··· 120
　　4.2.6　自动套用表格格式 ··· 120
　　4.2.7　设置条件格式 ··· 120
　　4.2.8　插入和编辑批注 ··· 121

项目 4.3　电子表格的计算 ··· 127
　　4.3.1　运算符、公式和语法 ·· 128
　　4.3.2　单元格引用及其分类 ·· 129
　　4.3.3　使用公式计算数据 ··· 130

项目 4.4　数据分析 ·· 138
　　4.4.1　数据排序 ·· 138
　　4.4.2　数据筛选 ·· 139
　　4.4.3　分类汇总 ·· 140
　　4.4.4　合并计算 ·· 141

项目 4.5　图表 ·· 156
   4.5.1　图表的构成 ··· 157
   4.5.2　制作图表 ·· 158
   4.5.3　编辑图表 ·· 158
   4.5.4　更改图表元素 ······································ 158

项目 5　PowerPoint 2016 演示文稿 ························· 165

项目 5.1　制作"工匠精神"演示文稿 ···················· 165
   5.1.1　PowerPoint 2016 基本操作 ·················· 167
   5.1.2　演示文稿结构 ······································ 168
   5.1.3　版式设置 ·· 168
   5.1.4　插入和编辑艺术字 ································ 169
   5.1.5　插入和编辑图片 ··································· 169
   5.1.6　插入和编辑形状 ··································· 170
   5.1.7　插入和编辑文本框 ································ 171

项目 5.2　制作"创新精神"演示文稿 ···················· 176
   5.2.1　插入和编辑表格 ··································· 178
   5.2.2　插入和编辑图表 ··································· 179
   5.2.3　插入音频 ·· 179
   5.2.4　插入视频 ·· 180
   5.2.5　设置页眉和页脚 ··································· 181
   5.2.6　设计幻灯片母版 ··································· 181

项目 5.3　制作"厉害了我的国"演示文稿动画 ········ 187
   5.3.1　切换设计 ·· 187
   5.3.2　动画设计 ·· 188
   5.3.3　幻灯片放映设计 ··································· 190
   5.3.4　超链接 ··· 190

项目 6　互联网与人工智能 ···································· 194

项目 6.1　互联网 ·· 194
   6.1.1　互联网的发展 ······································ 194
   6.1.2　计算机网络的组成 ································ 195

项目 6.2　人工智能技术 ·· 196
   6.2.1　人工智能简介 ······································ 196
   6.2.2　人工智能面临的挑战 ····························· 198

项目1　现代信息技术概述

项目1.1　信息素养与社会责任

【项目要求】
1. 了解信息素养的基本概念。
2. 掌握信息安全的相关知识。
3. 熟悉信息伦理的基本内容。

【知识准备】

1.1.1　信息素养的概念

1. 什么是信息素养

信息素养是一个不断演进的概念。原美国信息产业协会主席Paul Zurkowski在1974年提交给美国国会图书馆和信息服务委员会的报告中，首次使用了"信息素养"(information literacy)这一术语。Zurkowski将信息素养定义为一种能力，即个人能够识别何时需要信息，并有效地查找、评估和利用所需信息。根据他的定义，信息素养不仅涉及获取信息的技能，还涵盖理解和运用信息的能力。Zurkowski认为，信息素养是现代社会中的一项基本技能，与读写能力类似，应成为每个人的基本素质。

澳大利亚学者Bruce提出了信息素养框架，主要包含七个核心理念：信息技术理念、信息资源理念、信息过程理念、信息控制理念、知识建构理念、知识拓展理念和智慧理念。这些理念构成了一个全面的信息素养框架，从技术技能到知识应用的各个方面都有所涵盖，强调了信息素养不仅是技术能力的展现，更是认知、管理和应用信息的综合素质的体现。Bruce的理论为信息素养教育与研究提供了系统化的指导，推动了该领域的深入发展。

我国教育部于2021年3月发布的《高等学校数字校园建设规范（试行）》指出："信息素养是个体恰当利用信息技术来获取、整合、管理和评价信息，理解、建构和创造新知识，发现、分析和解决问题的意识、能力、思维及修养。信息素养培育是高等学校培养高素质、创新型人才的重要内容。"这一规范凸显了信息素养在高等教育中的核心地位，并指出了其对学生个人发展和社会进步的重要意义。这也为各高校在数字校园建设和教育改革中提供了明确的指引。

2. 信息素养的主要组成要素

信息素养主要由四个方面组成：信息意识、信息知识、信息应用能力、信息伦理与安全。

信息素养的这四个要素共同构成一个不可分割的统一整体。其中,信息意识是先导,信息知识是基础,信息应用能力是核心,信息伦理与安全是保证。

1)信息意识

高等学校师生员工的信息意识包括:①具有辨别信息真伪性、实用性、及时性的意识;②能够根据信息价值合理分配自己的注意力;③具有利用信息技术解决自身学习生活中问题的意识;④具有发现并挖掘信息技术及信息在教学、学习、工作和生活中作用与价值的意识;⑤具有积极利用信息和信息技术优化与创新教学和学习,以实现个人可持续发展的意识;⑥能够意识到信息技术在教学和学习中应用存在的限制性条件;⑦具有勇于面对并积极克服信息化教学和学习中困难的意识;⑧具有积极学习新的信息技术,以提升自身信息素养水平的意识。

2)信息知识

高等学校师生员工的信息知识包括:①了解信息科学与技术的相关概念与基本理论知识;②熟悉当前信息技术的发展进程、应用现状及未来发展趋势;③掌握信息安全和信息产权的基础知识;④熟练掌握学科领域中信息化教学、学习、科研等相关设备、系统、软件的使用方法;⑤了解寻求信息专家(如图书馆员、信息化技术支持人员等)指导的途径。

3)信息应用能力

高等学校师生员工的信息应用能力包括:①能够选择合适的查询工具和检索策略以获取所需信息,并甄别检索结果的全面性、准确性和学术价值;②能够结合自身需求,有效组织、加工和整合信息,解决教学、学习、工作和生活中的实际问题;③能够使用信息工具对获取的信息和数据进行分类、组织和保存,建立个人资源库;④能够评价、筛选信息,并将所选择的信息进行分析归纳、抽象概括,融入自身的知识体系中;⑤能够根据教学和学习需求,合理选择并灵活调整教学策略和学习方法;⑥具备创新创造能力,能够发现和提炼新的教学模式、学习方式以及研究问题;⑦能够基于现实条件,积极创造、改进、发布和完善信息内容;⑧能够合理选择在不同场合或环境中交流与分享信息的方式;⑨具备良好的表达能力,能够准确、清晰地表达和交流信息。

4)信息伦理与安全

高等学校师生员工的信息伦理与安全素养包括:①尊重知识,崇尚创新,认同信息劳动的价值;②不浏览、不传播虚假消息和有害信息;③在信息利用及生产过程中,尊重和保护知识产权,遵守学术规范,杜绝学术不端行为;④在信息利用及生产过程中,注意保护个人和他人的隐私信息;⑤掌握信息安全技能,有效防范黑客攻击;⑥定期对重要信息数据进行备份。

1.1.2 信息安全

1. 什么是信息安全

信息安全是指从技术和管理两方面采取措施,以防止信息资产因恶意或偶然的原因在非授权情况下被泄露、破坏、更改或遭受非法的系统访问与控制。它是一门综合性学科,涉及计算机科学、网络技术、通信技术、计算机病毒学、密码学、应用数学、数论、信息论以及法律学、犯罪学、心理学、经济学、审计学等多个学科领域。

2. 信息安全的目标

(1) 保密性：确保信息在存储、使用、传输过程中不会被泄露给非授权用户或实体。

(2) 完整性：确保信息在存储、使用、传输过程中不会被非授权用户篡改，同时防止授权用户对系统及信息进行不恰当的修改，以保持信息内、外部表示的一致性。

(3) 可用性：确保授权用户或实体能够正常使用信息及其他资源，不会被异常拒绝访问，且能够可靠、及时地访问这些信息及其他资源。

(4) 可控性：指对系统中信息的传播及内容具有控制能力。

(5) 真实性：验证通信参与者的身份与其所声明的身份的一致性，确保通信参与者不是冒名顶替者。

(6) 不可否认性：确保通信参与者无法事后否认其参与通信的行为。

3. 信息安全威胁的种类

(1) 计算机病毒：是恶意软件的一种，能够自我复制并感染其他计算机系统和文件，通常会导致系统崩溃、数据丢失等损害。例如：蠕虫、特洛伊木马、勒索软件等。

(2) 网络黑客：指个人或团体利用技术手段非法入侵计算机系统和网络，以获取、篡改或破坏信息。其行为包括：数据窃取、DDoS 攻击、权限提升等。

(3) 网络犯罪：指利用计算机和网络技术进行的各种非法活动，涵盖欺诈、盗窃、敲诈勒索等。具体形式有：网络钓鱼、身份盗窃、信用卡欺诈等。

(4) 垃圾信息：指未经请求而大量发送的商业广告或其他形式的信息，通常通过电子邮件、短信或社交媒体传播，其危害包括占用网络资源、传播恶意软件、干扰正常通信等。

(5) 隐私泄露：指个人信息在未经授权的情况下被披露或使用，可能引发隐私侵害和身份盗用风险。

(6) 预制陷阱（又称社会工程攻击）：指攻击者伪装成可信任实体或个人，通过欺骗手段诱骗用户提供敏感信息或执行不安全操作。常见形式有：网络钓鱼邮件、假冒网站等。

4. 信息安全相关法律法规

信息安全相关法律法规旨在保护数据的安全性、完整性和隐私性。欧盟的《一般数据保护条例》(GDPR)适用于处理欧盟居民个人数据的组织，全面涵盖了数据主体的权利以及数据处理者的义务。美国的《健康保险流通与责任法案》(HIPAA)专注于医疗信息的隐私保护，而《金融服务现代化法案》则专注于金融数据的安全和消费者隐私保护。此外，国际标准如 ISO/IEC 27001 为信息安全管理系统的建立提供了框架和指南。这些法律法规共同构成了信息安全领域的全面法律基础，为组织保护数据安全提供了有力支持。

我国信息安全法律法规的发展经历了多个重要里程碑。

1994 年 2 月，颁布了《中华人民共和国计算机信息系统安全保护条例》。作为我国网络安全领域的首部综合性专门立法，该条例首次引入了"信息系统安全"的概念，为后续法规的制定奠定了坚实基础。

1997 年 12 月，发布了《计算机信息网络国际联网安全保护管理办法》，进一步细化了网络安全管理的相关规定。

2000 年 12 月，全国人大常委会通过了《关于维护互联网安全的决定》，标志着我国政府对互联网安全问题的高度重视和进一步规范。

2007年12月,颁布了《互联网视听节目服务管理规定》,对互联网视听内容进行了严格管理,确保了信息的安全性和合规性。

2016年11月7日,颁布了《中华人民共和国网络安全法》。该法建立了全面的网络安全保护体系,明确了网络运营者的安全责任、数据保护要求以及网络安全等级保护制度。

2020年3月,发布了《信息安全技术 个人信息安全规范》,对个人信息的保护进行了详尽规定。

2021年11月,《中华人民共和国个人信息保护法》正式实施。该法专注于个人信息的隐私保护,进一步完善了我国的信息安全法律框架。

1.1.3 信息伦理

1. 信息伦理的概念

信息伦理又称信息道德,它不是由法律来强制执行和维护的,而是以人们在信息活动中的善恶为标准,依靠人们内心的信念、相互之间的督促以及网络平台的监督来维系。

现代社会信息技术飞速发展,这给我们的工作和生活带来了极大的便利。但与此同时,我们也要认识到,互联网在为我们提供便捷服务的同时,也存在很多信息伦理失范的现象,如生活中的虚假信息、隐私泄露、网络犯罪等时有发生。因此,作为信息社会的每一个公民,我们都应该高度重视,自觉遵守信息伦理,并积极主动地参与到网络秩序的建设中来。

2. 职业行为自律

在信息行业,职业行为自律尤为重要。由于信息行业的特殊性,从业人员在开发、传播、管理和利用信息的过程中,很容易接触到敏感信息和商业秘密。如果从业人员缺乏自律意识,就可能导致信息泄露、侵犯隐私等不道德行为的发生。因此,信息行业的从业人员必须时刻保持清醒的头脑和高度的警惕性,自觉遵守职业道德规范和社会法律法规,做到不泄露敏感信息、不侵犯他人隐私、不传播虚假信息等。

以下给出培养良好职业行为的几个建议。

(1) 坚守健康的生活情趣:在数字环境中,维护健康的生活情趣意味着要合理使用信息技术和社交媒体,避免沉迷或过度依赖虚拟世界,以免影响现实生活和人际关系。同时,要遵循网络礼仪,不传播不当信息或虚假消息,以免对他人造成负面影响。

(2) 尊重知识产权:遵守法律法规,尊重他人的知识产权,避免侵犯他人的专利、版权、商标等。在撰写报告、论文或进行其他工作时,要合理引用他人的工作成果,避免抄袭。同时,要尊重知识创作者的权益,不非法分享或分发受版权保护的内容。

(3) 培养良好的职业态度:在工作中要诚实守信,准确报告工作成果,不隐瞒信息或篡改数据。在职业沟通中要保持透明度,不误导他人,不传播未经验证的信息。

(4) 秉承端正的职业操守:在面对职业道德问题时,要做出符合伦理标准的决策,避免利益冲突和不当行为。对待工作任务和同事时要公平公正,避免任何形式的歧视、偏见或不正当竞争。

(5) 防止个人产生不良记录:在信息使用和处理过程中,要确保自己的行为符合道德规范,避免产生负面记录或影响个人信誉。同时,要合理保护自己的个人信息和隐私,避免不当泄露或使用,以防止信息被滥用。

【思考题】
1. 当代大学生应具备哪些良好的信息素养？
2. 应该如何培养自己的信息素养？
3. 请说出你对信息伦理的理解。

项目1.2 现代信息技术概述

【项目要求】
1. 了解现代信息技术的种类。
2. 了解信息技术在企业中的应用。

【知识准备】

1.2.1 现代信息技术的种类

1. 云计算

云计算是一种通过互联网提供计算资源和服务的模式，涵盖了存储、计算能力、数据库以及应用程序等。它使用户能够按需访问并利用计算资源，而无须自行拥有和维护物理硬件。借助云计算，企业和个人可以灵活地扩展或缩减资源，优化成本和效率，同时享受高度的可用性和可靠性服务。与传统的本地计算相比，云计算展现出更高的灵活性、可扩展性和成本效益。

云计算通常分为三个层次：基础设施即服务（IaaS）、平台即服务（PaaS）和软件即服务（SaaS）。在IaaS层级，用户可以租用基础设施，例如服务器和存储空间；在PaaS层级，用户可以利用云平台来开发和运行应用程序；而在SaaS层级，用户则可以直接使用云服务提供商提供的应用程序。

2. 大数据

大数据是指规模极大、类型繁多、生成速度迅猛的数据集合，其规模超出了传统数据处理工具的处理范畴。这些数据集合广泛涵盖了从传感器、社交媒体、互联网活动等各个方面所收集的信息。借助先进的分析技术和分布式计算框架，我们能够揭示出潜藏的趋势和模式，为决策提供宝贵的见解。在金融、医疗、营销等多个领域中，大数据发挥着举足轻重的作用，推动了业务的优化与创新。

大数据技术则是指一系列用于处理和分析海量、复杂数据集的工具和方法。这些技术囊括：分布式存储系统（如Hadoop），用于处理和存储大规模数据；分布式计算框架（如Apache Spark），用于高效地执行数据分析任务；数据挖掘和机器学习算法，用于从数据中提炼出有价值的洞察。大数据技术能够应对来自不同源头的数据类型，实现数据的实时分析，揭示出其中的趋势和模式，从而助力组织做出基于数据的决策，推动业务的创新与优化。

3. 人工智能

人工智能（AI）是指模拟人类智能的技术，使计算机和系统能够执行通常需要人类智能的任务，如学习、推理、解决问题和语言理解等。人工智能涵盖了机器学习、深度学习、自然语言处理以及计算机视觉等多个领域。通过分析大量数据和识别模式,人工智能能够自动化处理复杂任务,提供个性化服务。人工智能在各行各业中得到广泛应用,从智能助手到自动驾驶汽车,都在推动技术进步并提升效率。

4. 通用人工智能

通用人工智能(AGI),又称强人工智能,是一种能够执行任何人类智能活动的人工智能系统。与当前的专用人工智能(narrow AI)相比,通用人工智能具备广泛的学习和适应能力,能够在各种复杂多变的环境中展现出类人智能。AGI 不仅能理解和处理多种任务,还具备自主推理、学习和创造的能力,能够在多个领域和任务中通用地运用其智能。这种人工智能旨在实现真正的智能自主,拥有类似于人类的认知和理解能力。

通用人工智能(AGI)与人工智能(AI)的主要区别在于智能的广度和适应能力。AGI 拥有广泛的智能能力,能在多种任务和多个领域中展现出类人智能,并具备自主学习和推理的能力。相比之下,当前的 AI 大多是专用人工智能(narrow AI),专注于解决特定任务,如语音识别或图像分类,其智能范围有限且依赖大量数据进行训练。

尽管 AGI 和当前的 AI 在智能能力和应用范围上有所不同,但它们基于相同的人工智能技术,如机器学习和深度学习。AGI 的实现依赖于现有 AI 技术的不断发展和创新,而 AI 的应用和进步则为 AGI 的未来发展奠定了坚实的基础。两者共同追求提升机器智能的目标,而 AGI 则代表了这一目标的理想化实现。

5. 物联网

物联网(IoT)是一种技术,它通过互联网将各种设备和物品连接起来,使它们能够相互交换数据并实现远程控制。这些设备涵盖智能家居产品、工业传感器、车辆、健康监测设备等。物联网借助传感器、通信协议和数据分析技术,实现了实时监测和自动化控制,进而提升了效率、便捷性和智能化水平。它在智能家居、工业自动化、智慧城市等多个领域得到了广泛应用,推动了技术创新和生活的数字化进程。

物联网的核心组件包括传感器和执行器,它们负责收集和传输各种信号。借助物联网,用户能够通过手机或其他终端设备对设备进行远程控制和监测。此外,物联网还能将设备和数据链接到云平台,实现大规模的数据分析和处理。

6. 区块链

区块链是一种分布式数据库技术,主要通过将数据记录(即"区块")以链式结构相连,形成一个公开、透明且安全的账本。每个区块包含一组交易记录以及一个指向前一个区块的加密哈希值,这种链式结构确保了数据的连续性和一致性。其核心特性包括去中心化和数据不可篡改性,这使得区块链系统无须依赖中央机构或中介,所有参与者均可访问并验证链上的数据,从而显著增强了系统的安全性和可靠性。

区块链技术的另一大显著优势在于其数据不可篡改性。一旦数据被记录在区块链上,便无法被修改或删除,因为每个区块都包含前一个区块的哈希值,任何篡改都需要重新计算链上所有后续区块的哈希值,这在实际上几乎是不可能的。这一特性确保了区块链的完整性和可信度。此外,区块链还提供了高度的透明性和可追溯性,所有交易记录对参与者均公开可见,便于追踪和审计。

智能合约是区块链的一个重要应用,它是一种自动执行、不可篡改的协议代码,能够在满足特定条件时自动执行合约条款,从而大大简化了合约的管理和执行过程。

区块链技术在多个领域具有广泛应用,如金融(加密货币、跨境支付)、供应链管理(产品追踪)、医疗健康(数据共享)、身份认证以及投票系统等。其去中心化和高安全性的特点使其成为这些应用场景中的理想解决方案。

1.2.2　现代信息技术在企业中的应用

1. 信息技术在金融行业中的应用

信息技术在金融领域的应用极大地促进了业务的现代化和效率提升。数据分析和商业智能技术助力金融机构处理并解析海量的交易数据,进而优化投资决策与市场预测。人工智能(AI)驱动的客户服务、欺诈检测及风险管理显著提升了服务效率与安全性。同时,区块链技术通过增强交易的透明度与安全性,有效降低了交易成本。金融科技(FinTech)应用,诸如移动支付和数字钱包,简化了支付流程,显著增强了交易的便捷性与安全性。此外,信息技术还优化了金融风险管理与合规监控,进一步提升了金融机构的整体稳定性与合规水平。图1-1所示为常用支付App。

图1-1　常用支付App

2. 信息技术在医疗保健中的应用

信息技术在医疗保健领域的应用显著提升了服务质量和效率。电子健康档案(EHR)系统实现了患者健康信息的数字化,极大提高了信息的准确性和可访问性。远程医疗借助视频会议和在线咨询技术,使得患者能够便捷地远程获取医疗服务,特别是在偏远地区,远程医疗将发挥更加重要的作用。大数据分析技术能够处理海量的健康数据,为个性化医疗和精准医疗提供了有力支持。人工智能(AI)在医疗影像分析、疾病预测和诊断支持方面的应用,显著提升了诊断的准确性。物联网(IoT)技术通过实时监控生理数据,增强了患者的自我管理能力。而健康管理应用程序和数字健康平台则为用户提供了个性化的健康建议和服务。整体上,这些技术共同推动了医疗服务的现代化和智能化进程,提高了医疗决策的效率并优化了患者的就医体验。图1-2所示为人工智能在医疗领域的应用。

3. 信息技术在制造业中的应用

智能制造和工业4.0概念借助物联网(IoT)、大数据、人工智能(AI)及自动化技术,实现了生产过程的自动化与优化。计算机辅助设计(CAD)与计算机辅助制造(CAM)技术的应用,显著提升了设计的精确度和生产的效率。实时数据采集与分析技术有效监控并优化了生产过程,大幅减少了停机时间。此外,信息技术还强化了供应链管理,推动了增材制造(3D打印)的广泛应用,并借助人工智能与机器学习技术,显著增强了预测维护和质量控制的能力。虚拟现实(VR)与增强现实(AR)技术则被用于培训和维护环节,进一步提高了操作的效率和准确性。总体而言,这些技术共同提升了制造业的生产效率、产品质量及市场响应速度。图1-3所示为智慧工厂。

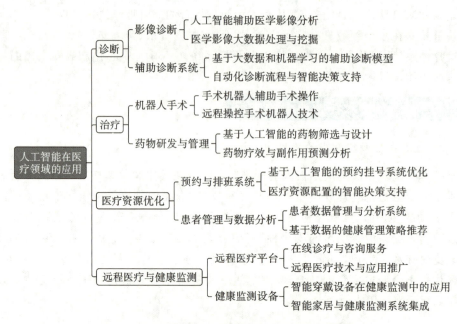

图 1-2　人工智能在医疗领域的应用

图 1-3　智慧工厂

4. 信息技术在教育中的应用

信息技术在教育领域的应用极大地推动了教学和学习方式的变革。电子学习平台和在线课程为学生提供了灵活多样的学习途径，打破了时间和空间的限制，使他们能够随时随地获取知识。智能课堂技术，涵盖互动白板和教育应用程序，显著增强了课堂互动并提升了学生的参与度。数据分析和学习管理系统（LMS）则帮助教师精准跟踪学生的学习进度和表现，从而提供个性化的学习支持。此外，虚拟现实（VR）和增强现实（AR）技术为学生创造了沉浸式的学习体验，有助于他们更好地理解复杂的概念。图 1-4 所示为虚拟现实技术在课堂中的应用。

5. 信息技术在交通运输行业的应用

智能交通系统（ITS）借助传感器、数据分析和通信技术，旨在优化交通流量、缓解拥堵并提升道路安全。实时交通监控与导航系统能够为驾驶员提供及时的路况信息，帮助他们避开交通堵塞，并规划出最佳行车路线。自动驾驶技术和车辆联网技术的不断进步，有力推动

图 1-4　虚拟现实技术在课堂中的应用

了智能汽车的发展,显著提高了驾驶的安全性与便利性。同时,物流管理系统通过整合数据并实现流程的自动化,有效优化了货物的追踪、配送及库存管理。总体而言,信息技术的应用显著提升了交通运输的效率、安全性和可持续性。图 1-5 所示为新能源汽车导航服务。

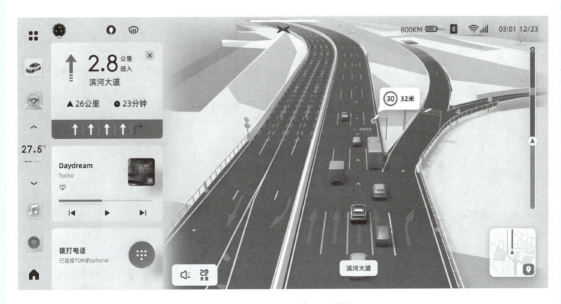

图 1-5　新能源汽车导航服务

6. 信息技术在娱乐业的应用

流媒体服务借助互联网技术,提供高质量的视频和音乐内容,充分满足了用户随时随地的娱乐需求。虚拟现实(VR)和增强现实(AR)技术为用户创造了沉浸式的游戏和娱乐体验,显著提升了互动性和娱乐性。人工智能(AI)则被应用于个性化推荐和内容生成,助力用户发现量身定制的娱乐内容。社交媒体平台则通过数据分析和实时互动功能,进一步增强了用户的参与度。总体而言,信息技术极大地推动了娱乐业的创新发展,提升了内容的多样性,增强了互动性,并显著提升了用户体验。图 1-6 所示为虚拟现实游戏。

图 1-6　虚拟现实游戏

【思考题】
1. 你现在所接触到的信息技术有哪些?
2. 信息技术为你的生活带来了哪些变化?
3. 你认为信息技术未来会在哪些领域代替人工?

项目 2　Windows 操作系统及其应用

Windows 10 是当前广泛使用的操作系统,本项目将以 Windows 10 为例,介绍其相关内容,主要包括基础知识、用户界面、控制面板、资源管理器、如何设定环境变量以及常用工具的使用方法等。

项目 2.1　操作系统概述

【项目要求】
1. 了解操作系统的分类。
2. 了解常用的操作系统。

【知识准备】

2.1.1　操作系统的作用

在信息技术飞速发展的今天,从家用 PC 机到智能手机、平板电脑,无一不配备了操作系统。那么,操作系统究竟扮演着怎样的角色呢?

简而言之,计算机操作系统犹如一位后台管理员,它确保计算机中的软硬件能够相互协调、有序地运行,使计算机能够按照用户的指令执行相应的程序。用户只需专注于所需使用的软件,而操作系统则负责管理和调度其他所有资源。

在计算机发展的初期,并没有操作系统的概念。那时,计算机主要用于科学计算,操作员需要经过专业培训才能使用计算机,他们直接对硬件进行操作以获取运算结果。操作系统的出现彻底改变了这一状况。在操作系统的支持下,计算机能够运行多种软件,用户不再需要直接操作硬件,而是通过软件,在操作系统的协调下,实现对硬件资源的调度。从此,计算机的使用逐渐变得简单、便捷。可以说,操作系统成了用户和计算机之间沟通的重要桥梁。

操作系统统一协调并管理着软件和硬件,使得计算机的使用更加便捷。事实上,操作系统就是一组用于管理和控制计算机中所有软硬件资源的程序,它均衡地调度各类软硬件资源,从而提升了计算机的整体性能。

2.1.2　操作系统的分类

随着技术的迅猛进步,计算机操作系统的种类日益繁多,功能上也已经能够完美适配各种不同的应用环境和硬件配置。早期的操作系统主要可分为三种基本类型:批处理操作系统、分时操作系统和实时操作系统。随着计算机体系结构的持续演进,后来又涌现了嵌入式操作系统、网络操作系统和分布式操作系统。

1. 批处理操作系统

批处理操作系统诞生于早期计算机时代，用户需将待处理的作业成批输入计算机，随后启动操作系统。系统会按顺序逐一执行这些作业，直至所有作业运行完毕，用户才能根据输出结果分析作业的运行状况。

2. 分时操作系统

分时操作系统的典型代表有 UNIX 和 Linux 系统。分时操作系统将 CPU 的时间切割成若干片段，即时间片。操作系统会轮流处理各个用户待执行的命令，由于用户轮流使用一个时间片，因此几乎感觉不到其他用户的存在。若某个用户需处理的信息耗时较长，一个时间片无法完成，则需暂停执行，待下一次轮到时再继续。这种基于并行运算的特性，加之计算机的高速性能，让每个用户都仿佛是在独占一台计算机。

3. 实时操作系统

实时操作系统的主要功能是在规定的时间范围内处理用户的输入、运算及输出，即要求计算机能够迅速且准确地处理用户输入的数据，并控制协调相关硬件进行响应或反馈。实时操作系统的特点是资源分配优先于效率，通常应用于专用领域，并具备较强的容错能力。

4. 网络操作系统

网络操作系统基于计算机网络，其核心目标是实现网络通信和资源共享。网络操作系统通常用于管理网络通信、安全、资源、信息等，并协调任务在各个主机上的执行，为用户提供便捷、统一、安全的网络接口。同时，它还需满足各种网络体系结构协议标准。

5. 分布式操作系统

近年来，分布式操作系统逐渐普及。其特点是将多台计算机联网，实现运算资源共享。在处理数据时，将任务分配至不同节点的计算机上进行运算，从而高效利用全网的计算资源和存储资源。分布式操作系统又分为分布式文件系统和分布式数据库系统。分布式文件系统能够以透明的方式对分布在网络上的文件进行管理和存取，具备远程文件存取的能力；而分布式数据库系统则相当于一个数据库的总管，由分布于多个计算机节点上的若干个数据库系统共同组成，能够提供有效的存取手段来操作这些节点上的子数据库。

2.1.3 常用操作系统

操作系统种类繁多，目前常用的有 Windows、UNIX、Linux、macOS 以及 Android，而国产操作系统中，鸿蒙系统也是备受瞩目的一员。

1. Windows 系统

Windows 系统是当前市场上最常见的操作系统，由微软公司开发，采用图形用户界面。在 Windows 系统之前，DOS 系统占据主导地位，用户需通过命令行操作计算机。Windows 系统的出现彻底改变了这一状况，其直观的用户界面和简便的操作方式吸引了全球大量用户，现已在个人计算机操作系统领域占据垄断地位。

2. UNIX 系统

UNIX 系统自问世以来，一直在操作系统市场上占有一席之地。作为开发平台和操作系统,UNIX 系统备受开发人员喜爱,广泛应用于工程应用和科学计算等领域。它具有良好的可移植性、可靠性和安全性,支持多用户、多处理、多任务、网络管理和应用。然而,UNIX 系统的软件生态不如 Windows 系统和 Linux 系统丰富,且学习难度较大,这在一定程度上限制了其发展。

3. Linux 系统

Linux 系统在设计上深受 UNIX 系统影响,由林纳斯·本纳第克特·托瓦兹(Linus Benedict Torvalds)首次发布,是一款免费且开源的操作系统。得益于其开源性,每个用户都可以对 Linux 进行二次开发,打造专属系统。这也是我国国产操作系统大多基于 Linux 进行二次开发的原因。

20 世纪 80 年代,Andrew S. Tanenbaum 编写的 MINIX 操作系统因其公开源代码而吸引了众多教师、学生和研究人员深入学习。芬兰赫尔辛基大学的托瓦兹便是其中之一。当时,用户可选择的操作系统主要有 UNIX、DOS 和 macOS。UNIX 系统价格昂贵且无法运行于 PC,DOS 功能简陋且源代码被微软严格保密,而 macOS 仅适用于苹果计算机。年轻的托瓦兹在吸收 MINIX 系统精华的基础上,简化了 UNIX 系统核心,于 1991 年 10 月 5 日发布了 Linux 0.01 操作系统,标志着 Linux 时代的开始。如今,Linux 系统已发展成为功能完善、稳定的操作系统,广泛应用于 IT 服务、企业服务和嵌入式领域。

4. macOS

macOS 由苹果公司开发,仅适用于苹果硬件设备。与 macOS 类似的还有 iOS,二者分别用于 PC 和移动设备。macOS 是首个在商用领域获得成功的图形用户界面操作系统,具有出色的图形处理能力和良好的软件生态。然而,与 Windows 系统兼容性较差,影响了其推广普及。也正因如此,macOS 免受大多数计算机病毒的攻击。

5. Android 系统

Android 系统由谷歌公司开发,是一款基于 Linux 系统内核的开源移动设备操作系统,主要用于智能手机和平板电脑。Android 系统最初由时任谷歌副总裁的 Andy Rubin 开发,仅支持手机端。随着发展,Android 系统逐渐扩展至平板电脑、电视、数码相机、游戏机、智能手表等领域,成为当前移动设备操作系统市场份额最高的系统。

6. 鸿蒙系统

鸿蒙系统(HarmonyOS)由华为公司自主研发,是一款全新的面向全场景的分布式操作系统。其主要目标是实现物联网,将人、设备和场景紧密相连,实现快速发现、连接、硬件互助和资源共享,为用户提供合适的场景体验。目前,鸿蒙系统正处于初期阶段,软件生态正在不断完善,已越来越多地应用于智能硬件终端上。随着我国科技的飞速发展,相信在不久的将来,我国自主研发的操作系统将广泛应用于百姓生活的各个领域。

项目 2.2　Windows 基础

【项目要求】

1. 掌握对 Windows 桌面、任务栏、【开始】菜单的基本操作。
2. 掌握根据自身需求调整 Windows 设置的方法。

3. 掌握 Windows 的常用功能。

【知识准备】

2.2.1　Windows 系统概述

Windows 系统是当今世界上用户量最大的操作系统，它凭借优秀的图形化界面和简单的操作方法，吸引了大量的拥趸。Windows 系统主要分为两大类型：一类是针对个人用户的，如 Win XP、Win 7、Win 10 等；另一类是面向服务器的，如 Windows Server 2003、Windows Server 2008、Windows Server 2012 等。

2.2.2　Windows 系统运行状态

Windows 系统有四种运行状态：工作状态、睡眠状态、休眠状态和关机状态。

1. 工作状态

当成功安装 Windows 系统并启动后，会进入操作系统的桌面，此时处于 Windows 系统的工作状态，表示可以正常运行和启动程序，执行命令，如图 2-1 所示。

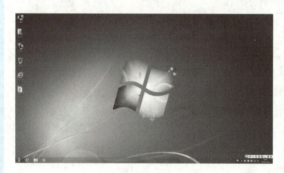

图 2-1　Windows 桌面

2. 睡眠状态

睡眠状态是 Windows 系统的一种低能耗模式。当计算机进入睡眠状态时，它会关闭显示器、风扇等其他非必要部件的电源，仅保留对内存的供电，CPU 停止执行指令，并且系统会自动保存所有已运行的程序状态。当用户需要使用计算机时，只需单击鼠标或按键盘上的任意键，即可轻松唤醒计算机。

3. 休眠状态

休眠状态与睡眠状态的主要区别在于：在休眠状态下，计算机会完全切断电源，但此时系统会将内存中的数据保存至硬盘中，以确保数据不会丢失。因此，计算机在休眠状态下基本上处于零功耗状态。要从休眠状态唤醒计算机，用户需要按下电源键，此时系统会将之前保存至硬盘的数据恢复到内存中，并将计算机恢复成休眠前的工作状态。

4. 关机状态

在关机状态下，计算机的所有部件都会完全断电，并且内存中的数据会被清空。这意味着，除非数据事先被保存到硬盘或其他存储设备中，否则在关机后这些数据将无法恢复。

2.2.3 Windows 桌面

当启动计算机并登录系统后,会进入 Windows 桌面,如图 2-2 和图 2-3 所示。桌面是 Windows 系统的主屏幕区域,包含图标、任务栏、背景等元素。Win 7 和 Win 10 的桌面除了外观上的差异外,主要区别在于任务栏。在 Win 10 中,任务栏将 Win 7 中的快速启动栏和工作区整合在一起,并且 Win 10 的任务栏功能相较于 Win 7 更为全面。

图 2-2　Win 7 桌面简介

图 2-3　Win 10 桌面简介

1. 桌面图标

Windows 系统的桌面图标是小图片形式,双击图标可以快速访问相应的程序。在全新的 Windows 系统中,首次登录时,桌面上通常只显示【回收站】图标。此时,用户可以在桌面上添加【计算机】【用户文件夹】【控制面板】【回收站】【网络】等常用图标。【回收站】图标是系统默认的,不能被删除。除此之外,桌面上的其他所有图标都可以被用户删除。

【随堂练习一】为桌面添加常用图标

①Win 7 系统。

- 用鼠标右键点击桌面空白区域,会弹出一个快捷菜单,如图 2-4 所示。选择并点击其中的【个性化】选项，如图2-5所示。

图 2-4　Win 7 桌面快捷菜单

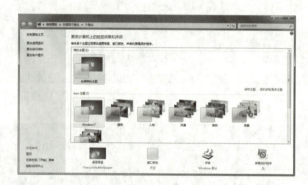

图 2-5　Win 7【个性化】界面

· 点击窗口左侧【更改桌面图标】，进入【桌面图标设置】界面。
· 在如图2-6所示的【桌面图标设置】界面中，勾选【计算机】【回收站】【用户的文件】【控制面板】【网络】，即可在桌面上显示对应图标。

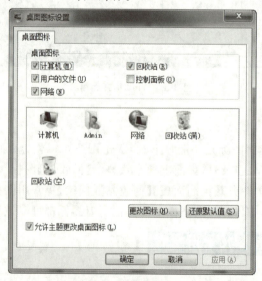

图 2-6　Win 7【桌面图标设置】界面

② Win 10 系统。

· 用鼠标右键点击桌面空白区域,会弹出一个快捷菜单,如图 2-7 所示。选择并点击其中的【个性化】选项。

图 2-7　Win 10 桌面快捷菜单

· 在显示的个性化设置界面,点击左侧【主题】,如图 2-8 所示。

图 2-8　【主题】界面

· 点击右侧【桌面图标设置】,进入设置界面,如图 2-9 所示。勾选【计算机】【回收站】【用户的文件】【控制面板】【网络】,即可在桌面上显示对应图标。

图 2-9 Win 10【桌面图标设置】界面

1)【计算机】图标

【计算机】图标代表系统文件夹,是访问计算机内部资源的入口。打开【计算机】图标,就相当于打开了 Windows 的资源管理器,通过这里可以查看并访问所有文件,如图 2-10 所示。

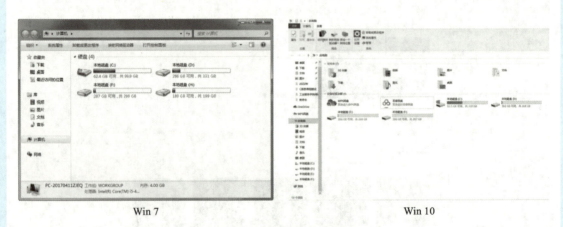

Win 7　　　　　　　　　　　　　　　　Win 10

图 2-10　【计算机】打开后界面

2)【用户的文件】图标

【用户的文件】图标以当前登录的用户账户命名。双击打开后,会显示一些默认文件夹,如【收藏夹】【搜索】【下载】【桌面】等。在安装某些软件后,此处也可能显示这些软件的缓存文件。Win 7 和 Win 10【用户的文件】打开界面分别如图 2-11 和图 2-12 所示。

在 Windows 系统中,Windows 通过资源管理器来管理所有文件。【计算机】【用户的文件】【库】等图标,其实都是资源管理器的不同访问入口。

项目 2　Windows 操作系统及其应用　**19**

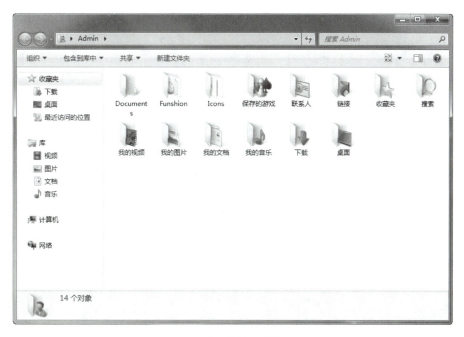

图 2-11　Win 7【用户的文件】打开后界面

图 2-12　Win 10【用户的文件】打开后界面

3)【控制面板】图标

控制面板包含了程序管理、系统设置和设备管理等选项,用户可以对这些选项进行自定义设置。Windows 系统的许多设置都会涉及控制面板中的某个程序,例如对打印机、显示器、鼠标等外设的设置,用户账户的安全设置,程序的卸载,以及系统安全设置等。Win 7 和 Win 10 系统的【控制面板】界面内容基本相同,如图 2-13 所示。

4)【回收站】图标

回收站是用户删除文件的一个缓冲区,当用户删除占用磁盘空间较小的文件时,系统不会立即永久删除它们,而是将这些文件存入回收站。在用户执行"清空回收站"的操作之前,所有存放在回收站中的文件都可以被还原到删除前的位置。需要注意的是,存放在回收站中的文件并不会立即释放所占用的磁盘空间,只有在清空回收站之后,系统才会释放相应的

图 2-13　Windows【控制面板】打开界面

空间。图 2-14 所示为【回收站】图标。

5)【网络】图标

双击 Windows 的【网络】图标打开界面,可以查看局域网中与本机相连的其他设备信息,如图 2-15 所示。若用户需要对本机的网络进行设置,需右键点击【网络】图标,选择【属性】,进入【网络和共享中心】界面,如图 2-16 所示。

图 2-14　【回收站】图标

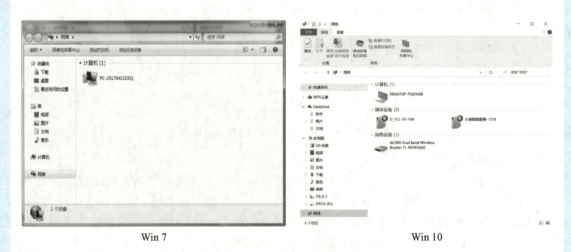

Win 7　　　　　　　　　　　　　　　　Win 10

图 2-15　【网络】界面

6) 快捷方式

桌面快捷方式用于便捷地访问相关程序,它必然与某个程序或文件相关联。双击快捷方式即可启动对应的程序。现在很多软件在安装时都会自动在桌面上创建对应的快捷方式,以便于用户访问。需要注意的是,快捷方式只是一个指向程序或文件的链接图标,并非

项目 2　Windows 操作系统及其应用　21

Win 7　　　　　　　　　　　　　　　　　　Win 10

图 2-16　【网络和共享中心】打开界面

程序的源文件。如果想要删除某个程序,需要在控制面板的【卸载程序】中来完成。

2. 桌面背景

Windows 系统为用户提供了丰富的桌面背景,用户可以选择自定义图片或者幻灯片图片作为自己的桌面背景。

【随堂练习二】Win 10 设置幻灯片桌面背景和新建桌面

①用鼠标右键点击桌面空白处,出现桌面快捷菜单,点击【个性化】,进入个性化设置界面。

②点击左侧【背景】,在【背景】下拉列表中选择【幻灯片放映】,如图 2-17 所示,然后设置图片切换频率等。

图 2-17　在【背景】下拉列表中选择【幻灯片放映】

③新建桌面。

Win 10 允许用户根据自身需求新建桌面,并且这些新建的桌面可以投影到扩展屏幕上使用。同时按下 Windows 键和 Tab 键,可以进入任务视图界面,如图 2-18 所示,点击左上角的【新建桌面】按钮即可增加一个新的电脑桌面。

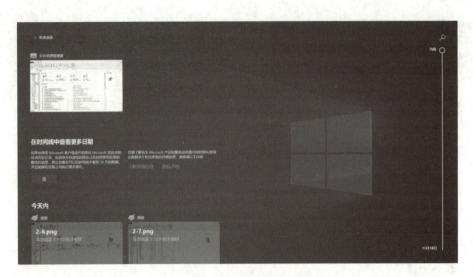

图 2-18 任务视图界面

3. 【开始】菜单

【开始】按钮位于屏幕左下角,它是 Windows 系统的核心控制区域,通过【开始】菜单,用户几乎可以执行 Windows 中的所有操作。【开始】菜单如图 2-19 所示。

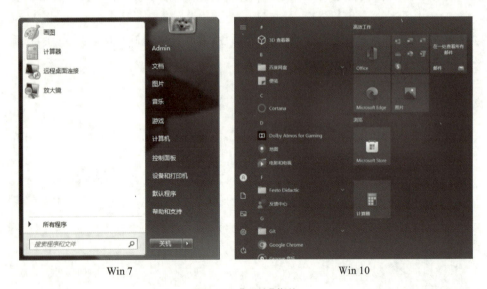

Win 7　　　　　　　　　　　　　　Win 10

图 2-19　【开始】菜单

在 Win 10 中,【开始】菜单的功能得到了增强。用户可以根据自己的喜好选择使用【开始】屏幕或者传统的【开始】菜单,并且可以调整其宽度和高度。要实现这一调整,只需将鼠标移至菜单的边缘并拖动即可。

Windows【开始】菜单的主要功能如下。

(1) 快速对计算机进行设置。用鼠标右键点击【开始】图标,在出现的功能菜单中,可以对计算机相关功能进行快速设置,如图 2-20 所示。

图 2-20 【开始】功能菜单

相比于 Win 7,Win 10 在【开始】功能菜单上增加了更多的项目,一些对操作系统的设置都可以在此处完成。

(2) 便捷访问计算机上所有已安装的程序。打开【开始】菜单,点击【所有程序】,可以查看系统中已安装的所有程序。

Win 10【开始】菜单分为左右两个区域,左侧区域主要显示计算机上已安装的程序,右侧区域显示常用软件,可以由用户自定义其中的图标。为【开始】菜单右侧区域添加图标的方法如下:用鼠标右键点击任意图标,选择【固定到"开始"屏幕】,如图 2-21 所示。

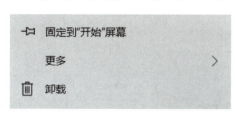

图 2-21 为【开始】菜单右侧区域添加图标

(3) 对计算机进行关闭、重启、注销、睡眠等操作。在【开始】菜单中可以关闭、重启、注销计算机或者让计算机进入睡眠状态。

4. 任务栏

Windows 系统的任务栏位于屏幕底部,如图 2-22 和图 2-23 所示。任务栏主要由【开始】按钮、应用程序区和系统通知区域组成,最右侧设有"显示桌面"按钮。

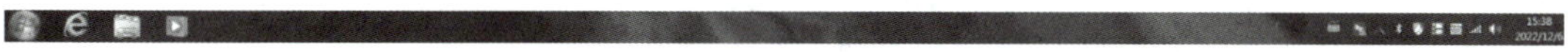

图 2-22 Win 7 任务栏

图 2-23　Win 10 任务栏

（1）【开始】按钮：用于打开并访问【开始】菜单。

（2）应用程序区：用于显示用户快速访问的程序以及已打开的文件夹或正在运行的程序。

（3）系统通知区域：包含了语言选项、时钟、网络连接状态、声音控制器以及用户自定义显示的图标。

（4）【显示桌面】按钮：用户点击后可以快速切换至桌面视图。

相比于 Win 7 系统，Win 10 的状态栏合并了快速启动栏和工作区，增加了 Cortana 搜索、任务视图按钮（可以选择是否开启）。

【随堂练习三】自定义任务栏显示内容

通过对任务栏进行设置，用户可以更改任务栏的显示内容。具体操作方法如下：

① 在任务栏的空白区域点击鼠标右键，以显示任务栏菜单，如图 2-24 所示。在 Win 7 中，点击【属性】；在 Win 10 中，点击最下方的【任务栏设置】。

图 2-24　任务栏菜单

②点击左侧【任务栏】选项卡，进入任务栏设置界面，如图 2-25 所示。在该界面，可以对任务栏的位置、显示内容、锁定与否等状态进行设置。

③若用户希望在任务栏上添加快速访问的程序图标，只需按住鼠标左键将该图标拖动到任务栏中即可。若要从任务栏中删除常用程序的图标，可以用右键点击该图标，并选择【将此程序从任务栏解锁】或【从任务栏取消固定】选项，如图 2-26 所示。

项目 2　Windows 操作系统及其应用　25

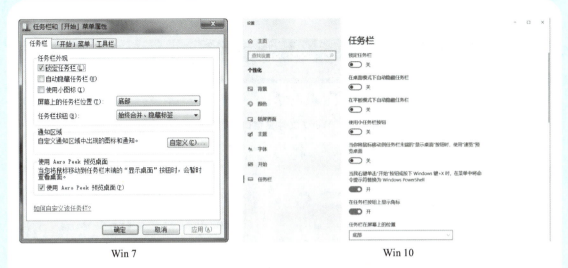

图 2-25　任务栏设置界面

图 2-26　取消任务栏固定命令

2.2.4　Windows 系统窗口界面

窗口界面是指 Windows 系统以窗口形式显示的用户计算机操作界面,如图 2-27 所示。Win 10 常见的窗口有应用程序窗口、文件夹窗口、对话框窗口等。

图 2-27　窗口界面

Win 7 的文件夹窗口由标题栏、菜单栏、最大化/最小化/关闭按钮、滚动条、工作区域等组成,局部视图如图 2-28 所示。在 Win 10 中,文件夹窗口对传统菜单栏进行了改进,采用选项卡(见图 2-29)的形式来体现菜单栏的功能。一些原本在传统菜单栏中的功能,现在可以直接在选项卡中进行修改。用户可以根据自身需要调整窗口的大小和位置。若窗口内的文件未能完全显示,窗口的右侧会出现滚动条,用户可以通过鼠标拖动滚动条来查看窗口内未能完全显示的内容。

图 2-28　Win 7 文件夹窗口局部视图

图 2-29　Win 10 选项卡

2.2.5　Windows 菜单

Win 10 的菜单分为下拉式菜单和弹出式菜单,如图 2-30 所示。其中弹出式菜单内容会根据已安装软件发生变化。

图 2-30　Win 10 的下拉式菜单和弹出式菜单

2.2.6　Windows 命令提示符

在 Win 10 中依然保留着 MS-DOS 模式,用户可以在 DOS 模式下通过命令行形式来执行一些功能,如图 2-31 所示。

打开 DOS 模式(或称为命令提示符)的方法有如下两种:

(1) 点击【开始】按钮,在 Win 7 中依次选择【所有程序】—【附件】—【命令提示符】,在 Win 10 中则依次选择【Windows 系统】—【命令提示符】;

(2) 使用快捷键 Win+R,弹出【运行】对话框,在对话框中输入"cmd",如图 2-32 所示,然后按下回车键,即可进入命令提示符界面。

图 2-31　命令行提示符界面

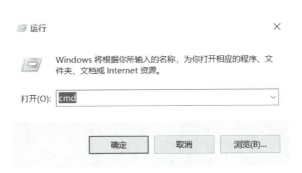

图 2-32　在【运行】中输入"cmd"

在 DOS 模式下,用户可以方便地查找许多系统信息并迅速实现一些系统功能。下面将介绍如何通过 DOS 模式使用指令来定时关机以及查找计算机的网络信息。

【随堂练习四】定时关机

①进入 DOS 模式,在命令行提示符界面输入"shutdown -s -t 3600",此时系统将提示"Windows 将在 60 分钟后关闭",如图 2-33 所示。更改指令中的数字,即可控制关机时间,注意只能输入正整数,以秒为单位。

图 2-33　Windows 关机提醒

②当决定取消定时关机时,可在 DOS 模式下在命令行提示符界面输入"shutdown -a",屏幕右下角会显示"计划的关闭已取消",如图 2-34 所示,此时定时关机取消。

图 2-34　取消定时关机

【随堂练习五】查看计算机网络信息

①在 DOS 模式下，在命令行提示符界面输入"ipconfig"，可以查看计算机的 IP 地址等信息。

②若需要查看计算机的 MAC 地址，则输入指令"ipconfig /all"，可以查看计算机中每一个网卡的详细信息。

2.2.7 剪贴板

在 Windows 系统中，当文件中的带格式文本、无格式文本或图形被复制时，它们会被临时存储在一个内存区域中，这个区域被称为剪贴板。剪贴板的存在使得这些数据可以在多个程序之间共享。需要注意的是，剪贴板在同一时刻只能存储一份数据，即如果用户再次复制内容，剪贴板会覆盖上一次存储的内容。

剪贴板的快捷操作方式有三种。

(1) Ctrl+C：实现快捷复制功能。

(2) Ctrl+V：实现快捷粘贴功能。

(3) Ctrl+X：实现快捷剪切功能。

2.2.8 鼠标设置

鼠标是用户操作计算机最为方便的外设之一。随着技术的不断发展，计算机鼠标的功能也在不断丰富。在 Windows 系统中，可以通过【控制面板】中的【鼠标】选项进入鼠标设置界面，如图 2-35 所示。

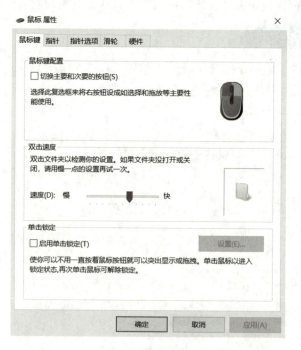

图 2-35 鼠标设置界面

在 Win 10 系统的标准鼠标设置界面，用户可以对鼠标的按键功能、指针样式、滚轮行为以及移动速度等进行自定义设置，根据个人喜好调整相关选项。当前市场上鼠标种类繁多，部分品牌鼠标还配备了专用的驱动程序和软件,通过这些工具,用户可以对鼠标进行更为深入和细致的设置。

2.2.9 输入法

在 Windows 系统中,微软输入法是自带的一款输入法,其图标会显示在屏幕右侧的语言栏中。如果计算机上的语言栏设置为浮动工作条,用户可以点击最小化按钮,此时语言栏将会收缩并显示在任务栏中。在 Win 10 系统中,与语言相关的快捷键如下。

(1) Ctrl+Shift:用于切换已安装的输入法。

(2) Shift(单独按下,具体效果可能因设置而异,通常结合 Ctrl 键):在某些情况下,可用于在中英文输入法之间进行切换(但更常见的快捷键是 Ctrl+空格键)。

早期的汉字输入法包括五笔输入法、智能 ABC、微软拼音等。在过去,五笔输入法以其高效性被誉为最快的汉字输入法。然而,随着技术的不断进步,现代的智能拼音输入法,如搜狗拼音、QQ 输入法等,已经能够非常迅速地进行汉字拼写输入,使得五笔输入法不再是快速输入汉字的唯一选择。

项目 2.3　Windows 资源管理器

【项目要求】
1. 掌握资源管理器的常用操作。
2. 掌握自定义资源管理器显示内容的方法。

【知识准备】

2.3.1 打开资源管理器

"资源管理器"的全称是"文件资源管理器",它是 Windows 系统提供的一个强大的资源管理工具。通过文件资源管理器,用户可以查看计算机上的所有资源,即能够更直观地浏览所有文件和文件夹。文件资源管理器的启动方式有以下几种:

(1) 双击桌面上的【此电脑】图标;
(2) 选择【开始】菜单中的【Windows 系统】子菜单,然后点击【文件资源管理器】;
(3) 用鼠标右键点击【开始】按钮,在弹出的菜单中选择【文件资源管理器】;
(4) 使用快捷键 Win+E,直接打开文件资源管理器。

2.3.2 资源管理器的操作

计算机通过资源管理器来管理、查看和使用文件和文件夹,用户可以对这些文件和文件夹执行新建、复制、移动、删除等多种操作。

1. 选择

在进行文件或文件夹操作之前,用户需要先进行选择。选择和取消已选中文件的方法有以下几种。

(1) 选择单一文件或文件夹:单击所需选择的文件或文件夹即可。
(2) 批量选择文件。
①按住 Ctrl 键,同时逐个单击需要选择的文件,适用于选择不连续的文件。

②先单击第一个文件,然后按住 Shift 键,同时左键点击要选择的最后一个文件,即可选中这两个文件之间的所有文件,适用于选择连续的一组文件。

(3) 全选:按 Ctrl+A 快捷键,可选中当前窗口内的所有文件或文件夹。

(4) 取消已选中文件:

①若已选中多个文件,需要取消某个选中文件,则按住 Ctrl 键点击该要取消的文件。

②点击窗口空白处可将所有已选中的文件或文件夹全部取消。

2. 移动和复制

(1) 文件或文件夹的移动。

①在不同磁盘之间移动文件时,需要按住 Shift 键,同时点击并拖动文件或文件夹到指定位置。在 Win 10 中,若在不按 Shift 键的情况下拖动文件或文件夹到不同磁盘,将执行复制操作。

②在同一个磁盘的不同文件夹之间移动文件或文件夹时,可直接按住左键拖动,无须按 Shift 键。

(2) 文件或文件夹的复制。

①按住 Ctrl 键,左键点击并拖动文件或文件夹到指定位置。

②右键点击待复制的文件或文件夹,选择【复制】选项,然后在目标区域点击右键,选择【粘贴】选项。

③选中待复制的文件或文件夹使用快捷键 Ctrl+C 进行复制,使用 Ctrl+V 进行粘贴。

3. 删除

使用鼠标右键点击待删除的文件夹,并选择【删除】选项,将在计算机中对该文件夹进行逻辑删除。系统会将文件夹暂时移入回收站,此时对应的图标和功能将不再可执行,但可以通过回收站进行还原操作。一旦对回收站执行清空操作,即再次删除回收站中的该文件,该文件将在计算机中被彻底删除。另外,如果在逻辑删除的同时按住 Shift 键,文件也会被直接彻底删除。

值得注意的是,在计算机中执行【彻底删除】操作后,文件的数据实际上仍然保留在硬盘上,只是操作系统删除了指向该数据的地址。因此,如果用户发现误删文件,应立即联系专业人员进行恢复。然而,如果用户在删除文件后,对磁盘进行了写入操作,新的数据可能会覆盖原有数据,导致文件被真正彻底删除,无法恢复。

对于某些难以删除的文件,可以使用一些外部工具进行删除操作,如 360 文件粉碎机等。这些工具通过特殊的方法能够确保文件被完全删除,避免留下任何可恢复的数据。

4. 重命名

在同一个文件夹内,文件的命名不能重复。用户可以用鼠标右键点击文件并选择【重命名】选项来修改文件名称,或者先选中文件,然后按 F2 键来进行重命名操作。

5. 改变文件显示方式

用户可以根据自身喜好,调整资源管理器中图标的显示方式。改变文件显示方式有如下两种方法。

(1) 在资源管理器的【查看】选项卡中,用户可以在【布局】区域选择文件的显示方式。这些显示方式主要包括超大图标、大图标、中图标、小图标、列表、详细信息、平铺以及内容,如图 2-36 所示。

图 2-36　资源管理器【查看】选项卡

（2）在资源管理器的空白区域点击鼠标右键，然后在弹出的菜单中选择【查看】，即可修改文件的显示方式。可修改的显示方式类型与上述相同，包括超大图标、大图标、中图标、小图标、列表、详细信息、平铺以及内容。

6．查看属性

用鼠标右键单击文件，在弹出的菜单最下方选择【属性】，即可查看该文件的属性。在属性界面中，用户可以查看文件的详细信息，并且能够对文件的访问控制方式进行修改。

【随堂练习六】隐藏文件图标

在 Windows 系统中，用户可以通过资源管理器的相关设置来隐藏指定的文件或文件夹。被隐藏的文件并未被删除，而是不会在资源管理器中显示。具体的设置方法如下。

①用鼠标右键点击想要隐藏的文件，选择【属性】。在属性界面的【常规】选项卡中，找到并勾选最下方的【隐藏】复选框，如图 2-37 所示。另外，也可以通过资源管理器的【查看】选项卡中的【隐藏所选项目】选项来快速更改文件的隐藏属性。

图 2-37　选择文件属性为【隐藏】

②在 Win 7 资源管理器的菜单栏中，依次点击【组织】【文件夹和搜索选项】，然后选择【查看】选项卡，如图 2-38 所示，并勾选【显示隐藏的文件、文件夹和驱动器】。而在 Win 10 资源管理器中，选择【查看】选项卡后，在【显示/隐藏】区域（见图 2-39）点击【隐藏的项目】，即可发现之前设置为隐藏的文件将不再默认显示在资源管理器中，但会在【隐藏的项目】下显示。

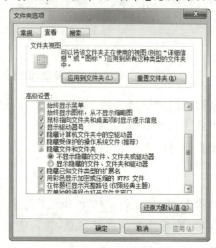

图 2-38　Win 7 文件夹选项

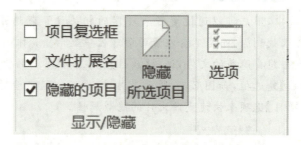

图 2-39　Win 10【查看】选项卡【显示/隐藏】区域

7. 查找文件

Windows 资源管理器提供了一个便捷的搜索框，如图 2-40 所示，用户可以通过该搜索框快速查找文件或文件夹。在搜索框中输入名称后，计算机将在工作区中显示包含该关键字的所有文件或文件夹。

图 2-40　搜索框

值得注意的是，由于 Windows 资源管理器采用树状结构，因此在搜索文件之前，需要先确定要搜索文件的目录层级。通常需要在较高层级的目录中执行搜索。如果用户在与待搜索文件同级的资源管理器窗口中搜索，则可能无法找到对应的文件。

当前世界正处于信息爆炸的时代，在用户使用计算机的过程中，随着时间的推移，会产生大量的文件。由于 Windows 资源管理器的存储结构特点，在大量文件中执行搜索功能时可能会消耗较多时间。为了更高效地进行文件搜索和查找，用户可以使用第三方软件，其中较为典型的是 Everything 软件。Everything 软件改变了传统的文件查找方式，能够根据用户需求快速查找计算机中的文件。

项目 2.4　Windows 系统设置

【项目要求】
1. 了解 Windows 控制面板的常用功能。
2. 掌握 Windows 控制面板的使用方法。
3. 掌握扩展磁盘分区的方法。

【知识准备】

2.4.1　打开控制面板

用户可以通过控制面板中的工具来设置 Windows 系统。控制面板可以通过【开始】菜单或双击桌面图标打开。Win 7 和 Win 10 控制面板界面显示的内容基本相同。Win 10 控制面板界面如图 2-41 所示。

图 2-41　Win 10 控制面板界面

控制面板界面所显示的内容会随图标查看方式的改变而有所变化。当查看方式设置为【类别】时,控制面板界面显示归类后的图标;若将查看方式更改为【大图标】或【小图标】,则在控制面板界面可以看到更为具体和详细的设置项目。查看方式为【大图标】时,控制面板界面如图 2-42 所示。

2.4.2　更改时间设置

Win 7 和 Win 10 设置时间的方式相同,点击控制面板中的【时钟和区域】选项,可以进入时钟和区域设置界面,如图 2-43 所示。

点击【日期和时间】选项,打开设置窗口,如图 2-44 所示。在此窗口中可以更改系统的日期和时间,一般来说,使用和网络同步的时间会避免时间设置上可能出现的问题,如图 2-45 所示。

图 2-42　查看方式为【大图标】时的控制面板界面

图 2-43　时钟和区域设置界面

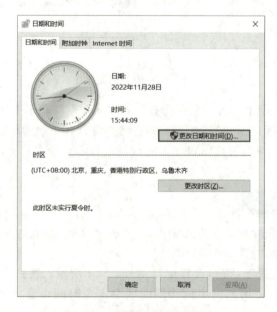

图 2-44　日期和时间设置窗口

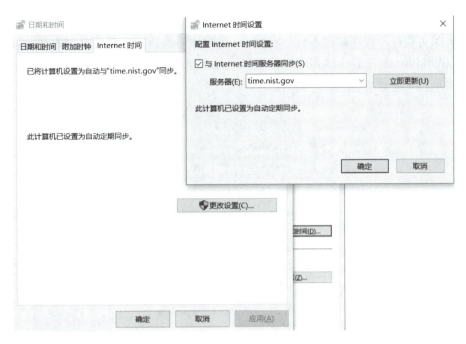

图 2-45　同步网络时间

2.4.3　卸载程序

卸载程序与仅删除程序文件是不同的。通常，软件在安装时会在系统注册表中记录相关信息，并在系统盘的缓存文件夹中存储相关数据。如果只删除程序的文件夹和相关文件，可能会导致程序残留。为了完整删除该程序，需要使用 Windows 控制面板中的程序卸载功能。

在控制面板界面中，选择"程序"选项，进入程序设置窗口，如图 2-46 所示。在这里，你可以选择【卸载程序】【启用或关闭 Windows 功能】【查看已安装的更新】等选项。单击【卸载程序】，即可对程序进行卸载或更改。

图 2-46　程序设置窗口

一些软件，如 360 安全卫士等，自带程序卸载功能，并且可以通过控制面板进行访问。在控制面板界面中，需要选择查看方式为【大图标】，然后点击【360 强力卸载】（见图 2-47），即可进入相关软件的程序卸载界面。有时，一些软件的残留数据可能存储在较为隐蔽的位置，使用 Windows 系统自带的程序卸载功能可能无法达到理想效果。在这种情况下，可以尝试使用第三方卸载程序来进行卸载。

图 2-47 控制面板中的第三方卸载程序

2.4.4 设置磁盘分区

磁盘是计算机硬盘的统称。在操作系统安装完成后，用户仍然可以设置磁盘分区，根据自身需求将磁盘划分为多个部分。一般来说，至少应保留一个系统分区（默认盘符为 C），以及多个扩展分区。

磁盘必须包含一个主分区，即系统分区，用于保存操作系统相关的数据、启动文件以及临时缓存文件等。在使用操作系统时，C 盘的数据会随着计算机使用时间的增加而逐渐增多，因此应注意为 C 盘预留较大的空间。

硬盘主要有 NTFS 和 FAT32 两种文件系统格式。计算机内置硬盘通常使用 NTFS 格式，因为如果使用 FAT32 格式，则无法存储超过 4 GB 的文件。

【随堂练习七】扩展磁盘分区

①在控制面板界面中，选择查看方式为【大图标】，然后依次点击【管理工具】【计算机管理】【磁盘管理】，即可出现磁盘分区界面，如图 2-48 所示。

②选择某个剩余空间较大的磁盘，用鼠标右键单击该磁盘，在弹出的磁盘设置菜单（见图 2-49）选择【压缩卷】。

③进入【压缩卷】界面后，如图 2-50 所示，可以对某个磁盘的剩余空间进行压缩操作。输入所需压缩的空间大小后，点击相应的按钮进行压缩，该磁盘将会释放出对应数值的空间。

④用鼠标右键点击已释放的空间，选择【新建简单卷】。在【分配驱动器号和路径】界面（见图 2-51）选择所需的盘符，其余步骤全部点击【下一步】直至完成。

项目 2　Windows 操作系统及其应用　**37**

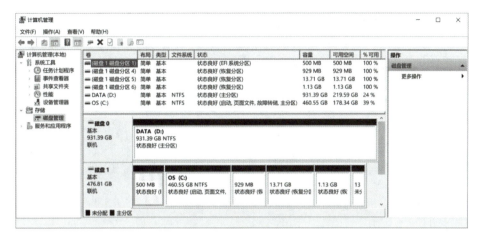

图 2-48　磁盘分区界面

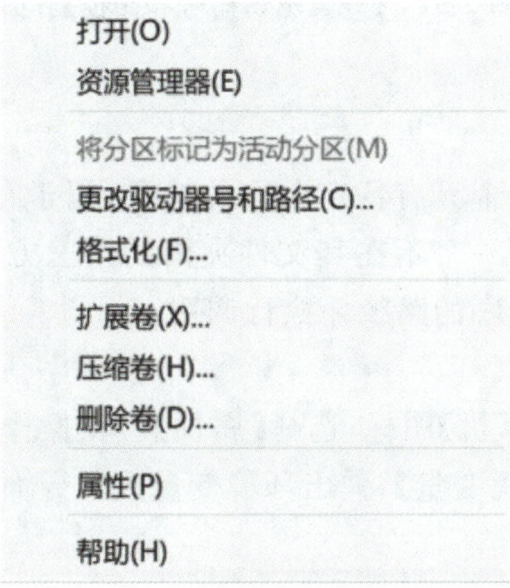

```
打开(O)
资源管理器(E)

将分区标记为活动分区(M)
更改驱动器号和路径(C)...
格式化(F)...

扩展卷(X)...
压缩卷(H)...
删除卷(D)...

属性(P)
帮助(H)
```

图 2-49　磁盘设置菜单

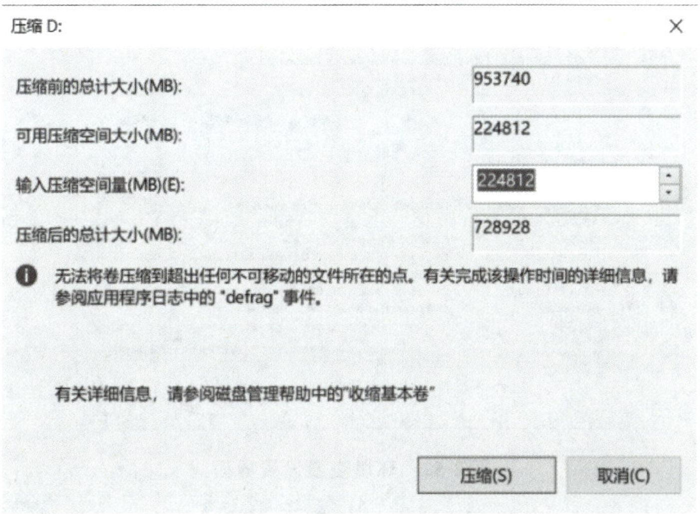

```
压缩 D:                                              ×

压缩前的总计大小(MB):              953740
可用压缩空间大小(MB):              224812
输入压缩空间量(MB)(E):             224812
压缩后的总计大小(MB):              728928

  ⓘ  无法将卷压缩到超出任何不可移动的文件所在的点。有关完成该操作时间的详细信息，请
     参阅应用程序日志中的 "defrag" 事件。

     有关详细信息，请参阅磁盘管理帮助中的 "收缩基本卷"

                                          压缩(S)      取消(C)
```

图 2-50　【压缩卷】界面

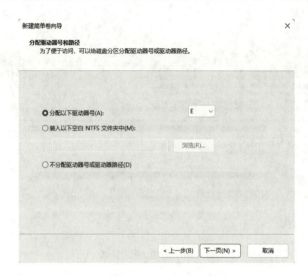

图 2-51 【分配驱动器号和路径】界面

2.4.5 设置环境变量

环境变量是操作系统中一个具有特定名称的对象,用于存储一些程序运行所需的关联文件的路径。当程序需要调用一个不在其文件夹内的第三方文件或程序时,系统会到环境变量中查找该第三方文件或程序的路径并执行调用。

设置环境变量的方法如下。

(1)用鼠标右键点击【计算机】图标,选择【属性】。在操作系统属性界面的右侧,依次选择【高级系统设置】【高级】【环境变量】,弹出环境变量设置界面如图 2-52 所示。

图 2-52 环境变量设置界面

(2)根据用户自身需求,可以在系统变量或用户变量中增加或修改环境变量。通常,我们需要对 PATH 变量进行修改,不同路径之间应使用分号";"进行分隔。需要注意的是,系统变量会对该计算机上的所有用户生效,而用户变量则仅对当前用户生效。

项目 2.5　Windows 常用工具

【项目要求】

1. 了解 Windows 常用工具。
2. 了解 Windows 自带的实用小程序。

【知识准备】

2.5.1　磁盘工具

1. 磁盘清理

随着用户使用时间的增长,操作系统会产生大量的临时文件和缓存文件等。如果长时间不清理,这些文件会占用大量磁盘空间。此时,可以使用 Windows 控制面板中的【磁盘清理】程序来清理这些临时文件和缓存文件。

打开控制面板界面,将查看方式更改为【大图标】,然后选择【管理工具】【计算机管理】【磁盘管理】。在磁盘管理界面中,选择要清理的盘符,并点击相应的选项。点击【确定】后,即可开始磁盘清理过程。

此外,一些集成了系统管理功能的软件程序,如百度电脑管家、腾讯电脑管家、360 安全卫士等,也提供了类似的磁盘清理功能,用户可以选择使用这些软件来实现相同的清理效果。

2. 磁盘碎片整理

计算机在安装程序或存储数据时,会在硬盘上开辟连续的空间来保存相关数据。然而,随着用户的使用,一些程序或文件被删除,导致硬盘中存放的数据变得不再连续,这种状态被称为磁盘碎片。磁盘碎片会随着用户不断地增删数据而逐渐增多。为此,Windows 系统为用户提供了磁盘碎片整理程序,该程序可以重新排列碎片数据。使用方法如下。

打开控制面板界面,查看方式改为【大图标】,选择【管理工具】【计算机管理】【碎片整理和优化驱动器】,进入碎片整理界面,如图 2-53 所示,在进行碎片整理之前,用户可以先对各盘符进行分析,确定是否需要进行碎片整理操作。用户还可以选择【优化计划】,如图 2-54 所示,定期进行磁盘碎片整理。

图 2-53　碎片整理界面

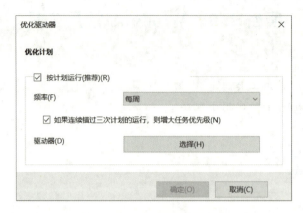

图 2-54　优化计划界面

2.5.2　Windows 自带程序

1．写字板

写字板是 Windows 系统自带的文字处理软件，具备格式控制、字体设置等功能，可以被视为 Word 的雏形。写字板的文件扩展名为.rtf。如果计算机上没有安装 Office 或 WPS 等软件，可以使用写字板作为文字处理工具。

2．记事本

记事本同样是 Windows 系统自带的文本编辑器。与写字板不同的是，记事本中的文本不带有任何格式，仅保存纯文本信息。从 Windows 系统诞生至今，每一代 Windows 系统都配备了记事本程序。记事本的文件扩展名是.txt。由于记事本中的文本不带格式，因此通常可以用它来清除文本的格式。具体操作方法是，将带有格式的文本复制粘贴到记事本中，再从记事本中复制出来，此时所复制的内容就不再带有格式，仅包含文本数据。快速打开记事本的方法是：按 Windows+R 键打开运行窗口，在窗口中输入"notepad"，即可快速打开一个空白的记事本。

3．画图

画图程序可以对图片进行编辑并打印。画图窗口包括菜单栏、工具栏、标题栏、状态栏和绘图区等部分，如图 2-55 所示。在画图程序中，可以对图片进行各种编辑操作，并保存为 BMP、JPG、GIF 等格式。在 Win 10 中，画图程序增加了 Paint 3D 功能。

4．Windows Media Player

Windows 系统自带流媒体播放器——Windows Media Player，利用该软件可以打开 MP4、WMA、MP3 等格式的文件。流媒体技术是指将媒体数据经过特定处理后，以连续数据流的方式在网络中实时传输，从而实现音视频等资源的在线播放。

然而，由于当前流媒体播放器种类繁多，Windows Media Player 已无法支持所有格式的流媒体文件。对于某些特殊格式的流媒体文件，用户需要安装相应的流媒体软件才能播放，例如爱奇艺的 QSV 格式、腾讯视频的 QLV 格式等。

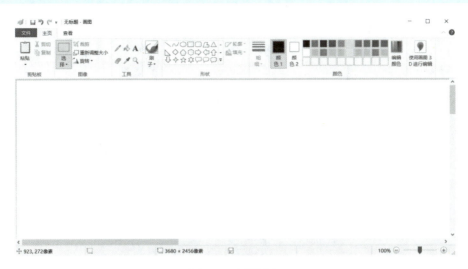

图 2-55 画图窗口

5. 录音机

录音机是 Windows 系统自带的录音程序，功能强大，可以实现声音的录制、编辑和播放。录音程序不仅可以通过外设（如麦克风）录制声音，还可以录制声卡输出的声音，例如网页中播放的音乐，可以通过录音程序进行录制。

在 Win 10 系统中，录音机不再放置在 Windows 附件中，用户需要在状态栏左侧的搜索框中输入"录音机"，才可找到并运行该程序。如果计算机状态栏左侧没有搜索框，可以用鼠标右键点击任务栏，在菜单中选择【搜索】【显示搜索框】来启用它。

项目 2.6　常用软件

【项目要求】

1. 了解一些常用工具软件。
2. 掌握常用工具软件的使用方法。

【知识准备】

2.6.1　压缩/解压软件

WinRAR 是一款常用的压缩/解压软件，它拥有独特的压缩算法，界面友好且使用便捷。通过该软件，用户可以轻松实现文件的压缩和解压。使用 WinRAR 压缩后的文件格式为 RAR。除了 WinRAR 以外，还有许多其他常用的压缩软件，如 WinZIP、2345 好压、360 压缩等。然而，从压缩率的角度来看，WinRAR 表现更为出色。

通常，为了节省空间以及便于传输，我们会将多个文件压缩成一个文件包进行传输。

压缩文件和解压文件的方法如下。

1. 压缩文件

（1）选中需要压缩的文件，用鼠标右键点击，在弹出的菜单中选择【添加到压缩文件】选项，随后会出现压缩信息界面，如图 2-56 所示。

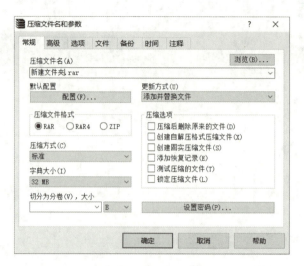

图 2-56 压缩信息界面

（2）设置压缩参数，包括压缩文件名、压缩文件格式、压缩方式等。一般来说，默认格式为 RAR，用户仅需设置压缩文件名。设置完参数后，点击【确定】按钮，压缩后的文件将会出现在与被压缩文件相同的目录下。

（3）加密压缩。在压缩信息界面中，用户可以为压缩文件设置密码。设置密码后，压缩文件仍然可以被打开查看，但只有在输入正确的密码后才能进行解压操作。

2．解压文件

解压文件之前，需要确认已安装压缩/解压软件。

（1）打开压缩文件，如图 2-57 所示。

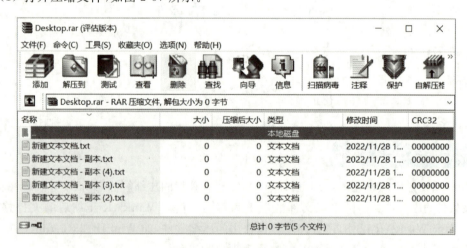

图 2-57 压缩文件界面

（2）点击工具栏中的【解压到】按钮，可以将压缩文件中的所有内容解压到指定的位置。如果只需要解压单个文件，可以用鼠标左键点击对应的文件，然后将其拖动到压缩文件所在的文件夹之外，这样就可以将文件解压出来。

值得一提的是，用于虚拟光驱的光盘镜像文件（即 ISO 格式文件），同样可以使用 WinRAR 程序进行解压后使用。

2.6.2 浏览器

1. 谷歌 Chrome 浏览器

Chrome 浏览器由谷歌公司开发，是一款设计简洁、高效的浏览器。它也是当今世界上用户数量较多、通用性较强的浏览器之一。图 2-58 所示为 Chrome 浏览器图标。凭借出色的可扩展性和安全性，Chrome 浏览器赢得了众多用户的好评。

（1）Chrome 浏览器集成了谷歌搜索引擎，无须进行任何额外设置。在地址栏中，用户可以输入网页地址或需要搜索的内容，浏览器会自动分析并跳转至所需页面。但需要注意的是，由于国内无法使用谷歌搜索，因此此功能在国内无法使用。不过，国内厂家开发的百度浏览器、360 浏览器等也具备相同的功能。

图 2-58　Chrome 浏览器图标

（2）Chrome 浏览器提供无痕浏览模式。在开启无痕浏览时，浏览的网页不会被记录在 Cookie 中，从而确保了良好的隐私性。

（3）Chrome 浏览器具备密码管理和设备同步功能。用户可以针对不同网站生成高复杂度的密码，并将这些密码保存在自己的账户中。只要登录相同的账户，用户就可以使用这些密码。此外，Chrome 浏览器还能检查用户所保存的密码，并在发现任何网上密码遭遇泄露后向用户发出警告。谷歌公司是数据防护能力很强的互联网技术公司，用户可以放心使用 Chrome 浏览器，无须担心自己的密码信息被泄露。

（4）Chrome 浏览器提供了各类主题，让用户可以根据自己的喜好改变浏览器的样式。

2. 火狐浏览器

火狐浏览器由 Mozilla 公司开发，它支持多种操作系统，是一款完全开放源代码的浏览器。图 2-59 所示为火狐浏览器图标。火狐浏览器具备强大的安全性和卓越的文字渲染能力，同时兼容 Windows、Mac 和 Linux 这三大操作系统，因此深受世界各国程序员的喜爱。

图 2-59　火狐浏览器图标

在安全性方面，由于火狐浏览器开放了底层源代码，世界各地的优秀计算机工程师都在共同维护它。因此，一旦出现漏洞，火狐浏览器能够迅速更新安全补丁，为用户提供出色的数据保护。此外，火狐浏览器针对下载功能还提供了一些额外的拓展，使其相比 IE 浏览器更加安全可靠。

火狐浏览器的运行速度很快，并且具有很强的可扩展性。用户可以在浏览器上下载并使用多种插件，如计算器等，这些插件使用起来既快速又便捷。因此，火狐浏览器是当前热门的浏览器之一。

3. 360 系列浏览器

360 系列浏览器由我国的 360 公司出品，包括 360 安全浏览器和 360 极速浏览器两款，它们都是基于 Chromium 开源项目打造的双核浏览器。两款软件最基本的区别在于：360 安全浏览器更注重用户访问网站的安全性，其中集成了庞大的恶意网址库，并采用了先进的恶意网址拦截技术；而 360 极速浏览器则更侧重于提升用户的浏览速度，并集成了国内用户喜爱的一些热门网站和常用功能。图 2-60 所示为 360 系列浏览器图标。

图 2-60　360 系列浏览器图标

2.6.3　网盘

网盘是伴随云技术兴起的一种在线存储服务。用户可以利用网盘实现文件的存储、访问、备份、共享等文件管理功能。由于网盘是架设在云端的，因此用户无须担心文件存储所需的物理条件，从而极大地方便了文件的使用和管理。

1. 百度网盘

百度网盘的前身是百度云，它是百度公司提供的一项云存储服务。其版本已覆盖全部主流 PC 和手机操作系统，是当前个人用户市场占有率极高的网盘之一。除了基本的存储功能外，百度网盘还提供了流媒体播放、照片智能管理等功能。然而，由于运营成本较高，用户需要付费才能使用网盘的全部高级功能。

2. 腾讯微云

腾讯微云是由腾讯公司开发并提供服务的一款网盘产品，也是国内主流的网盘之一。它与腾讯 QQ、QQ 邮箱等数据实现互通，用户可以将 QQ 上的文件便捷地存储至腾讯微云中，或从腾讯微云中向 QQ 好友发送文件。腾讯微云对免费用户不限制文件上传和下载速度，这一特点深受国内众多用户的喜爱。

2.6.4　远程控制软件

结合当今时代的特征，远程办公已经成为日常办公的重要组成部分。一款出色的远程控制软件能够为用户提供流畅、高效的远程办公环境。传统的远程控制软件通过网络协议实现远程控制，而随着网络技术的不断进步，逐渐涌现出以客户端形式来远程控制计算机的软件，实现了跨平台的远程控制功能。

1. 向日葵远程控制软件

向日葵远程控制软件是一款面向个人用户免费提供的快速、清晰、高效的远程控制工具。其操作简便，仅需通过识别码和验证码即可轻松实现对计算机的远程控制。在网络稳定的前提下，控制过程流畅无阻，画面显示清晰细腻。因此，对于具有远程控制需求的用户而言，向日葵远程控制软件无疑是一个值得安装和使用的选择。

值得注意的是，由于向日葵远程控制软件是基于客户端进行远程控制的，其控制机制与 Windows 系统自带的远程控制功能有所不同。在一些 Windows 远程控制功能无法执行的情况下，向日葵远程控制软件仍然能够发挥出色的远程控制作用。

【随堂练习八】远程控制计算机

①控制端和被控端需同时打开向日葵远程控制软件,并输入正确的账号和密码进行登录。

②在被控端,点击【显示验证码】按钮,如图 2-61 所示,然后在控制端输入被控端的识别码和所显示的验证码,接着点击【远程协助】按钮。

图 2-61 被控端点击【显示验证码】

③进入控制界面,远程控制计算机,如图 2-62 所示。

图 2-62 远程控制界面

2. TeamViewer 远程控制软件

TeamViewer 同样是一款出色的远程控制软件。相较于市面上的其他远程控制软件,TeamViewer 拥有更流畅的操作体验、更清晰的控制画面以及更强的网络穿透能力。然而,TeamViewer 对个人用户是收费的,免费用户每次的使用时长受到限制。

【思考题】

1. 请简述计算机系统的构成。
2. 计算机硬件系统由哪些部件组成？各个部件的作用是什么？
3. 请举例说明常用的操作系统有哪些。
4. GPU 是什么？它与 CPU 有什么区别？
5. 请阐述内存和外存之间的联系以及它们的区别。
6. 有哪些常用的外部存储器类型？
7. 若系统盘容量不足，会出现哪些问题？应如何处理？
8. RAR 是什么文件？应该如何打开它？

项目 3　Word 2016 文字处理

Office 2016 是继 Office 2013 之后推出的一款全新的办公自动化软件，功能极为强大。它优化了对话框界面，并增强了网络办公、手机和平板电脑协同办公、资源共享等功能。

本项目涵盖了文字编排、样式设置、表格编制、图文混排、长文档自动化处理等多个方面的内容。

项目 3.1　公文排版

【效果展示】

公文排版效果图如图 3-1 所示。

图 3-1　公文排版效果图

【项目要求】

常用公文包括通知、通告、请示、批复、报告、函件等。这里以通知为例进行公文编辑。具体的格式要求如下。

1. 新建一个空白 Word 文档，并录入"通知"的相关内容。
2. 保存文档，命名格式为"学号＋姓名＋通知"。

3. 版面设置:使用 A4 纸,页边距设置为上 37 mm、下 35 mm、左右各 27 mm。

4. 字体属性:所有空行字体采用仿宋、三号。

5. 版头部分。

(1) 发文机关标识:使用红色、方正小标宋体字,字号为小初,居中排布。

(2) 发文字号:位于发文机关标识下方,空两行,采用仿宋三号字体,居中排布。

(3) 分割线:位于发文字号下方,为居中且与版心等宽的红色分割线。

6. 版体部分。

(1) 标题:使用方正小标宋体,二号字,居中排布。

(2) 主送机关:左对齐,顶格,采用仿宋三号字体。

(3) 正文:采用仿宋体,三号字,行间距设置为"固定值""28 磅"。结构层次序数依次用"一""(一)""1""(1)"标注。第一层字体使用黑体,第二层字体使用楷体,第三层字体使用仿宋加粗,第四层字体保持仿宋。

(4) 发文机关署名和成文日期:采用仿宋、三号字体,右对齐。成文日期右侧加四个空格,发文机关署名右侧通过加空格调整位置,确保与成文日期居中对齐。

7. 版记部分。

(1) 分割线:采用 1.5 磅黑色实线。

(2) 印发机关和印发日期:使用仿宋、四号字体。印发机关左侧空一格,印发日期右侧空一格。

【知识准备】

本项目所涉及的主要知识点包括 Word 2016 的启动与退出、文档新建、文档保存、基本的文本编辑操作、页面格式设置、字体格式调整、段落格式排版、项目符号的添加、分栏设置、编号管理、边框和底纹的应用等。

3.1.1 启动与退出

1. 常用的启动方式

①执行【开始】菜单中的【Microsoft Office】|【Word 2016】 Word 2016 命令。

②如果桌面上存在 Word 2016 应用程序的快捷方式,可以通过直接在桌面上双击该快捷方式图标来启动 Word 2016。

③可以双击磁盘中已有的 Word 文件来打开它。

2. 常用的退出方式

①单击【文件】|【关闭】命令。

②单击 Word 2016 关闭按钮 ✕ (窗口右上角)。

③按 Alt+F4 组合键。

3.1.2 Word 2016 窗口界面及功能区

1. Word 2016 的工作界面

Word 2016 的工作界面的主要组成部分包括标题栏、选项卡、功能区、编辑区、快速访问工具栏、状态栏、窗口控制栏、视图栏、【导航】窗格、【样式】窗格等,如图 3-2 所示。

图 3-2　Word 2016 的工作界面

2. Word 2016 窗口中的固定选项卡及功能区

Word 2016 窗口中有【文件】【开始】【插入】【设计】【布局】【引用】【邮件】【审阅】【视图】【PDF 工具集】10 个固定选项卡及功能区,选择某个选项卡会切换到与之对应的功能区,每个功能区可以根据功能分为若干个功能组,如图 3-3 所示。

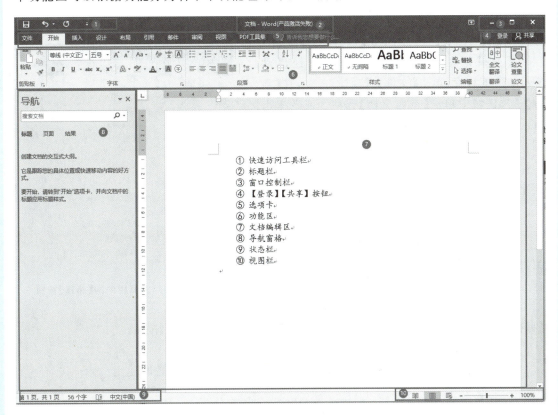

图 3-3　Word 2016 窗口布局

3. Word 2016 浮动工具选项卡及功能区

浮动工具选项卡及功能区仅在插入或选择对象时由系统自动加载并显示,放弃对象选择时,相应的浮动工具选项卡及功能区会自动隐藏。图 3-4 所示为【图片工具—格式】选项卡及功能区。

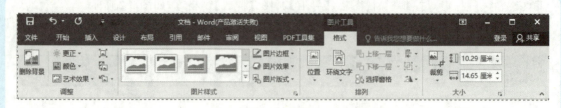

图 3-4 【图片工具—格式】选项卡及功能区

4. Word 2016 选项

在 Word 2016 中,点击【文件】按钮即可打开文件窗口。该窗口包括新建、打开、保存、另存为、打印、共享、关闭、选项、导出以及账号设置等选项。其中,单击【选项】可以打开【Word 选项】对话框。在该对话框中,用户可以开启或关闭 Word 2016 中的许多功能或设置参数。

3.1.3 Word 文档的基本操作

1. 创建 Word 2016 新文档

创建新文档常用的快速方法有:

①启动 Word 2016 后,单击【空白文档】命令。

②如果正在编辑一个文档或者已经启动 Word 2016 程序,单击【文件】|【新建】命令,在【新建】选项区域中单击【空白文档】选项。或者单击 Word 2016 快速访问工具栏中的【新建】按钮,如图 3-5 所示。

③使用组合快捷键<Ctrl+N>,亦可新建一个空白文档。

2. 保存 Word 2016 文档

为防止突然断电或系统出现错误,导致正在编辑的文档丢失,就要经常保存文档。常用的保存方法如下:

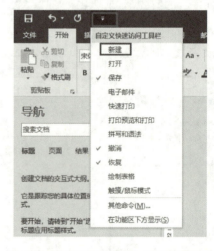

图 3-5 快速访问工具栏中的【新建】按钮

①选择【计算机】选项,单击【浏览】按钮,打开【另存为】对话框,设置保存名称、路径和保存格式,然后单击【保存】按钮。

②按<Ctrl+S>组合键,将文档快速保存。

其中,方法②通常用于首次保存文档,或者在需要更换保存位置时使用。

3. 打开 Word 2016 文档

要编辑磁盘上已经保存好的文档,需要重新打开该文档,使其出现在 Word 2016 窗口中。以下是打开文档的具体步骤。

①执行【文件】菜单中的【打开】命令,以打开【打开】窗口。在对话框的右侧,有一个最近使用的文档列表框,其中显示了最近使用过的文档。单击文档名,即可直接打开该文档。列出的最近使用过的文档个数(默认为 25 个)可以在【Word 选项】对话框的【高级】选项卡的

【显示】区域进行更改,如图 3-6 所示。

图 3-6　更改最近使用文档显示个数

②如果最近使用的文档列表中没有要打开的文档,可以单击【打开】对话框中的【浏览】按钮,如图 3-7 所示。

图 3-7　单击【打开】对话框中的【浏览】按钮

③在【打开】对话框中,选择要打开的文档,然后单击【打开】按钮即可。

3.1.4　编辑 Word 2016 文档

文本的基本操作原则:先定位后输入,先选中后操作。

在当前的文档窗口中,闪烁的垂直光标被称为"插入点",这个插入点是文字输入的位置,在插入点之后会出现输入的文本。

1.移动插入点

1)鼠标移动插入点

在 Word 2016 中,用户可以在文档编辑区的任何位置进行输入操作,其操作方法是:将鼠标指针移到想要输入文字的位置,然后单击鼠标左键即可。这种输入方式被称为"即点即输"。

2)键盘移动插入点

在 Word 2016 中,用户不仅可以通过鼠标点击来移动插入点,还可以使用键盘上的方向键、Page Up、Page Down、Home、End 等键来移动插入点。使用键盘移动插入点的常用键位功能如下。

(1) 方向键 ↑:插入点从当前位置上移一行。
(2) 方向键 ↓:插入点从当前位置下移一行。
(3) 方向键 ←:插入点从当前位置向左移一个字符。
(4) 方向键 →:插入点从当前位置向右移一个字符。
(5) Page Up:插入点从当前位置上移一屏。
(6) Page Down:插入点从当前位置下移一屏。
(7) Home:插入点从当前位置移至本行的开头。
(8) End:插入点从当前位置移至本行的末尾。
(9) Ctrl+Home:插入点从当前位置移至文档开头。
(10) Ctrl+End:插入点从当前位置移至文档末尾。

2. 插入符号

切换至【插入】选项卡,单击【符号】功能组的下拉按钮,选择【其他符号】命令。在打开的【符号】选项卡中,选择相应符号,单击【插入】按钮,如图 3-8 所示。

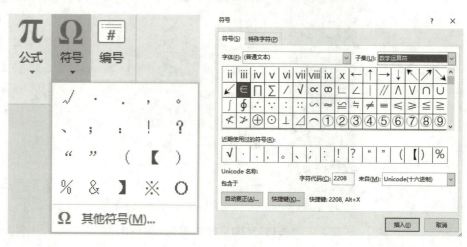

图 3-8 插入符号

3. 文本的选择

(1) 将光标置于要选取的文本前,按住鼠标左键并向后拖曳,可自由选取文本。
(2) 鼠标双击一个字,可选择整字或由这个字构成的词语。
(3) 鼠标在一段文字上连续点击三次,可选择整段文字。
(4) 将光标置于句首,当鼠标左键点击后光标变为白色向右箭头 ⇧ 时,拖动鼠标可选取整行文本。
(5) 将光标置于句首,当光标变为白色向右箭头 ⇧ 时,双击鼠标左键,可选取整段文本。

(6) 将光标置于句首,当光标变为白色向右箭头时,连续点击鼠标左键三次,可选取全文(等同于执行组合键 Ctrl+A)。

(7) 选择不连续的文字:先选中一处文本,然后按住 Ctrl 键,同时用鼠标拖动依次选择其他文本。

4. 文本的复制与移动

文本的复制与移动操作方式如表 3-1 所示。

表 3-1　文本的复制与移动操作方式

操作方式	复制	移动	注意
选项卡按钮	执行【开始】|【复制】按钮;移到目标位置单击【粘贴】按钮	执行【开始】|【剪切】按钮;移到目标位置单击【粘贴】按钮	在执行复制和移动操作之前,先选取目标文本
快捷键	执行组合键<Ctrl+C>;到目标位置按组合键<Ctrl+V>	执行组合键<Ctrl+X>;到目标位置按组合键<Ctrl+V>	
鼠标拖动	将鼠标指向该文本块的任意位置,光标变成一个空心的箭头,按住 Ctrl 键,拖动鼠标到新位置后松开 Ctrl 键和鼠标	将鼠标指向该文本块的任意位置,光标变成一个空心的箭头,拖动鼠标到新位置后松开鼠标	
快捷菜单	点击鼠标右键,在弹出的快捷菜单中选择【复制】命令,再定位插入点到目标位置,然后点击鼠标右键,在弹出的快捷菜单中选择【粘贴】命令	点击鼠标右键,在弹出的快捷菜单中选择【剪切】命令,再定位插入点到目标位置,然后点击鼠标右键,在弹出的快捷菜单中选择【粘贴】命令	

5. 文本的删除

(1)在文本编辑区,要删除光标左侧的字符,敲击<Backspace>键即可,此操作可连续进行。

(2)敲击<Delete>键,可以删除光标右侧的字符。

(3)选中大量要删除的字符,然后敲击<Backspace>键或<Delete>键,可以删除选中的大量文本。

6. 操作步骤的撤销与恢复

在文档编辑过程中,如果发生错误操作,可以对操作予以撤销。撤销与恢复操作方式如表 3-2 所示。

表 3-2　撤销与恢复操作方式

操作方式	撤销前一次操作	恢复前一次撤销
工作栏按钮	在点击"撤销"按钮	点击"恢复"按钮
快捷键	按<Ctrl+Z>组合键	按<Ctrl+Y>组合键

7. 查找替换

Word 2016 提供的查找替换功能可以快速地在文档中进行文字和符号的查找替换操作,从而无须反复地查找文本,使办公变得简单易行。

查找文本是指将指定的内容从文档中检索出来的过程。查找的主要目的是进行定位,以便对定位到的内容进行查看、修改等操作。其操作方法如下:首先,将光标放置在文档的起始位置;然后,切换到【视图】选项卡,在【显示】功能组内选中【导航窗格】复选框,以打开【导航】窗格(打开【导航】窗格的方法还包括:切换到【开始】选项卡,单击【编辑】功能组内的【查找】按钮);接着,在导航窗格的文本框中输入要搜索的内容;最后,页面中自动搜索到的内容将会突出显示,如图 3-9 所示。

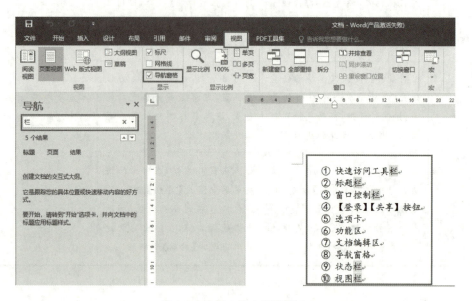

图 3-9　查找文档中的"栏"字

替换功能是将文档中查找到的文本用指定的其他文本代替,或者对查找到的文本格式进行修改。其操作方法如下:切换到【开始】选项卡,在【编辑】功能组打开【查找和替换】对话框,如图 3-10 所示。输入要被替换的字符,在【查找内容】下拉列表框中,输入用来替换的新字符。若要对替换内容做格式调整,可点击【更多】按钮展开对话框,做具体格式设置。

【随堂练习一】"文明之花 灼灼其华"短文档编辑

制作《文明之花 灼灼其华》短文档,具体效果如图 3-11 所示。操作要求如下。

(1) 打开《文明之花 灼灼其华》随堂练习 Word 文档。

(2) 将文中所有换行符"↓"替换为回车符(提示:在【查找】下拉列表框中输入"^l"(小写的 L),在【替换】下拉列表框中输入"^p"),如图 3-12 所示。

(3) 将文中所有的"他"字替换为"我"。

(4) 用鼠标拖动的方式移动段落位置,将文章各段落按①②③④⑤的顺序排序。

(5) 在标题两侧插入如图 3-11 所示的特殊符号。

图 3-10　替换操作

图 3-11　"文明之花　灼灼其华"效果图

图 3-12　把换行符替换成回车符

3.1.5　字体格式设置

在 Word 2016 文档中,文本的默认字体是宋体,默认字号是五号。为了使文档更美观、条理更清晰,需要对文本进行字体格式设置,包括字符的字体、字号、字体颜色、字符间距、文字效果等各种字符表现形式。设置字符格式的途径有多种,如通过功能区工具、使用快捷键、打开【字体】对话框以及利用浮动工具栏等。

1. 使用【字体】功能组设置字体

选中要更改的文字后,单击【开始】选项卡,在【字体】功能组中单击相应的按钮即可设置文本格式,如图 3-13 所示。

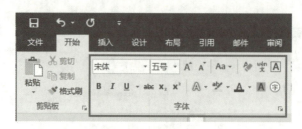

图 3-13　字体功能组

【字体】功能组中提供了对文本进行字体类型、字形(如加粗、倾斜等)、字号大小、下划线、着重号以及特殊效果(如阴影、上标、下标等)的设置选项,各按钮的具体功能如下所述。

(1)【字体】按钮:默认字体是"宋体",常用字体有宋体、仿宋体、楷体、黑体等。

(2)【字形】按钮:字形是指加于字符的一些属性,如常规、倾斜、加粗等。默认的是"常规"字形。

(3)【字号】按钮:字号是指字符的大小。字号从八号到初号或者5磅到72磅,八号字到初号字越来越大,5磅字到72磅字越来越大。默认的是"五号"字。

(4)【字符边框】按钮:为选中文本添加边框。

(5)【带圈字符】按钮:圆圈或边框可以放置在选中的字的四周,以示强调。

(6)【拼音指南】按钮:可在选中字符上方添加拼音以标明其发音。

(7)【文本效果】按钮:为文本添加特殊效果,可以对文本轮廓、阴影、映像和发光等效果进行设置。

(8)【字体颜色】按钮:可以设置字体颜色。

(9)【字符缩放】按钮:增大或者缩小字符。

(10)【字符底纹】按钮:为选中文本添加底纹背景效果。

(11)【以不同颜色突出显示文本】按钮:用亮色突出显示文本以让文本更加醒目。

2. 使用浮动工具栏设置字体

浮动工具栏会在选定文本后自动出现。随后,将鼠标指针移到浮动工具栏上,如图 3-14 所示。在选中文本并点击鼠标右键时,它还会与快捷菜单一同出现。

图 3-14　浮动工具栏

3．使用【字体】对话框设置字体

选中要更改的文本后，切换至【开始】选项卡，单击【字体】功能组右下角的对话框启动器按钮，如图 3-15 所示。打开【字体】对话框，在【字体】选项卡中，可以设置字体、字形、字号、字体颜色等属性，如图 3-16 所示。另外，在【字体】对话框的【高级】选项卡中，可以进一步设置字符间距、字符缩放以及字符位置等高级选项，如图 3-17 所示。

图 3-15　对话框启动器按钮

图 3-16　【字体】对话框【字体】选项卡

图 3-17　【字体】对话框【高级】选项卡

4．字体的高级设置

切换到【开始】选项卡，单击【字体】功能组右下角的对话框启动器按钮（如图 3-15 所示），打开【字体】对话框，切换至【高级】选项卡，即可对字符间距、字符位置等进行设置。

5．文本效果

切换至【开始】选项卡，选择【字体】功能组中【文本效果】右侧的下拉按钮，从下拉列表中选择适当的选项，如图 3-18 所示。如果对预设的效果不满意，可选择相应选项，展开列表，然后进行丰富的效果设置。如要对文字设置阴影效果，切换到【开始】选项卡，选择【字体】功能组中【文本效果】右侧的下拉按钮，从下拉列表中选择【阴影】选项，在展开的列表中选择【阴影选项】命令，打开【设置文本效果格式】窗格（如图 3-19 所示），然后进行自定义设置。

图 3-18 【文本效果】下拉列表

图 3-19 【设置文本效果格式】窗格

【随堂练习二】"孝道"短文档字符格式设置

对"孝道"短文档进行字符格式设置,具体效果如图 3-20 所示。

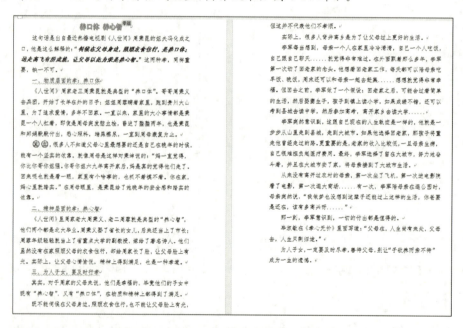

图 3-20 "孝道"短文档字符格式设置效果图

具体操作要求如下。

(1) 标题中"养口体 养心智"的字体属性设置为:方正小标宋简体、三号字,文本效果选择"第三行第四列"的预设效果,字符间距设置为"加宽 10 磅"。

(2) 标题中"孝道"的字体属性设置为:方正小标宋简体、五号字,字体颜色为深红色,位置提升 10 磅,并添加黄色发光效果(发光大小为 15 磅)。

(3) 正文的字体属性设置为:仿宋体、四号字。

(4) 三处二级标题的字体属性设置为:红色字体,并添加绿色波浪下划线。

(5) 正文中"伺候在父母身边,照顾衣食住行,是养口体;远走高飞有所成就,让父母以此为荣是养心智。"这句话的字体属性设置为:加粗并倾斜。

(6) 第三自然段中的"其实"一词的字体属性设置为:带圈字符,并放大圈号。

3.1.6 装饰段落

为了使文档的结构更清晰、层次更分明,Word 2016 提供了段落格式设置功能,段落格式包括段落对齐方式、段落的缩进量以及段落的间距等。

1.【开始】选项卡【段落】功能组

选中需要设置格式的段落,或者将光标定位在该段落中,切换至【开始】选项卡,点击【段落】功能组中相应按钮即可设置段落格式,如图 3-21 所示。

图 3-21 【段落】功能组

1) 段落的对齐方式

系统默认的段落对齐方式为两端对齐,除此之外,常用的对齐方式还包括居中对齐和右对齐等。

2) 段落的缩进

缩进用于表示一个段落的首行、左侧和右侧与相邻页面之间的距离关系。常用的缩进类型如下。

(1) 左缩进:指段落的左侧与页面左侧边距之间的距离。

(2) 右缩进:指段落的右侧与页面右侧边距之间的距离。

(3) 首行缩进:按照汉语习惯,段落的首行通常会缩进两个字符。

(4) 悬挂缩进:除第一行外,段落中的每一行都会相对于左缩进位置向内缩进一定的距离。

3) 行间距与段间距

(1) 行间距是指段落中相邻两行文字之间的间隔距离,通常用行宽或磅值来衡量。

(2) 段间距包括段落前间距和段落后间距,指的是相邻两个段落之间的距离。

2. 使用浮动工具栏进行设置

选中要设置格式的文本后,浮动工具栏会自动出现,然后将指针移到浮动工具栏上。当选中文本后,用鼠标右键单击时,它还会与快捷菜单一起出现,如图 3-22 所示。

图 3-22 浮动工具栏和快捷菜单

3. 使用【段落】对话框进行设置

切换至【开始】选项卡,单击【段落】功能组右下角的对话框启动器按钮,打开【段落】对话框,设置相关段落格式。

3.1.7 项目符号和编号

项目符号是指放在文本之前,用以强调效果的符号;而编号则是指放在文本之前,具有一定顺序的字符序列。

单击【项目符号】右侧的下拉按钮,在下拉列表中选择【定义新项目符号】命令,弹出【定义新项目符号】对话框,如图3-23所示。

(1)【符号】按钮:可以选择各式各样的符号作为项目符号。

(2)【字体】按钮:可以设置项目符号的字体格式。

(3)【对齐方式】下拉列表:在该列表中列出了三种项目符号的对齐方式,包括左对齐、右对齐和居中对齐。

(4)【预览】框:可以预览用户设置的项目符号效果。

单击【编号】右侧的下拉按钮,在下拉列表中选择【定义新编号格式】命令,会打开【定义新编号格式】对话框,如图3-24所示。在对话框中,可以从【编号样式】下拉列表中选择编号样式,在【编号格式】文本框中输入起始编号。单击【字体】按钮,可以在弹出的对话框中设置项目编号的字体格式。同时,还可以在【对齐方式】下拉列表中选择编号的对齐方式。

图3-23 【定义新项目符号】对话框

图3-24 【定义新编号格式】对话框

3.1.8 边框和底纹

为了使文字更加美观且引人注目,我们可以为文本添加边框和底纹。

1. 文字边框

①选中需要添加边框的段落或文本,然后切换到【开始】选项卡,单击【段落】功能组中的【边框】右侧的下拉按钮。

②在弹出的下拉列表中选择所需的边框样式。如果需要进行更详细的设置,则选择【边框和底纹】选项,打开【边框和底纹】对话框,如图 3-25 所示。

图 3-25 【边框和底纹】对话框

③在【边框和底纹】对话框中,右下角有一个【应用于】选项,可以选择将边框应用于"文字"或"段落"。在【设置】栏中,可以选择添加边框的类型;在【样式】栏中,可以选择边框的线型;在【颜色】栏中,可以选择边框的颜色;在【宽度】栏中,可以选择边框线的宽度。预览栏中的图示可以帮助查看边框的应用效果。

④设置完成后,点击【确定】按钮以保存更改。

2. 页面边框

设置页面边框可以为文档增添美观效果。

①将光标置于要设置页面边框的文本中的任意位置,然后切换至【开始】选项卡,单击【段落】功能组中【边框】右侧的下拉按钮,并从弹出的选项中选择【边框和底纹】,以打开【边框和底纹】对话框。

②在【边框和底纹】对话框中,选择【页面边框】选项卡。或者也可以单击【设计】选项卡中【页面背景】功能组的【页面边框】按钮,直接打开【页面边框】选项卡,如图 3-26 所示。

图 3-26 【边框和底纹】对话框【页面边框】选项卡

③在【页面边框】选项卡中,右下角的"应用于"列表允许选择需要应用页面边框的位置。在【设置】栏中,可以选择边框的类型;在【样式】栏中,可以选择边框的线型;在【颜色】栏中,可以选择边框的颜色;在【宽度】栏中,可以设置边框线的宽度。"预览"栏中的图示可以帮助查看边框的应用效果,如果单击图示或者使用相关按钮,可以实时应用边框。如果想使用图案作为边框,可以在【艺术型】一栏中选择合适的图案类型。

④设置完成后,点击【确定】按钮以保存更改。

3. 设置底纹

仅能对文字或段落进行底纹设置,不能对页面设置底纹。

①选中需要添加底纹的文本,切换至【开始】选项卡,单击【段落】功能组【边框】右侧的下拉按钮,选择【边框和底纹】命令。

②在【边框和底纹】对话框中,切换至【底纹】选项卡,如图 3-27 所示。

图 3-27 【边框和底纹】对话框【底纹】选项卡

③在【底纹】选项卡中,在右下角选择应用于文字或者段落,然后设置填充颜色或者图案样式。

④设置完成后,点击【确定】按钮以保存更改。

3.1.9 首字下沉

切换到【插入】选项卡,单击【文本】功能组中的【首字下沉】按钮,如图 3-28 所示,并从下拉列表中选择相应的选项。如果需要对"下沉"或"悬挂"的文字进行进一步的设置,选择下拉列表中的【首字下沉选项】,如图 3-29 所示。在打开的【首字下沉】对话框中,可以设置"下沉行数""距正文""字体"等参数,如图 3-30 所示。

图 3-28 【首字下沉】按钮

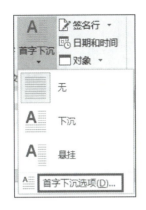

图 3-29 首字下沉选项

图 3-30 【首字下沉】对话框

3.1.10 分栏

在众多报刊中，分栏版面随处可见，分栏效果的应用十分普遍。在 Word 2016 中，我们可以轻松进行分栏操作。具体分栏方法如下。

切换到【布局】选项卡，单击【页面设置】功能组中的【分栏】下拉按钮（如图 3-31 所示），从弹出的下拉列表中选择所需的分栏样式。如果需要进行更详细的分栏设置，可以单击【更多分栏】命令，这将打开【分栏】对话框，如图 3-32 所示。在该对话框中，可以根据需要设置分栏的栏数、每栏的宽度以及是否显示分割线等。

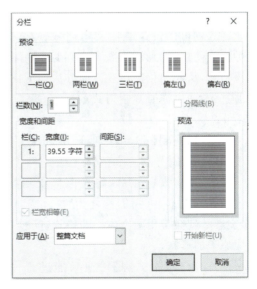

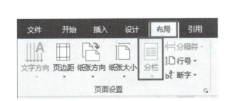

图 3-31 【分栏】下拉按钮

图 3-32 【分栏】对话框

有时为了更灵活地处理分栏效果，我们需要添加【分栏符】。插入【分栏符】后，其后的文字会从下一栏开始显示。例如，在图 3-33 所示的"出师表"前面添加分栏符后，就会呈现出图 3-34 所示的效果。

3.1.11 页面设置

设置页面格式主要是为了使文档元素在选定的纸张页面上编排布局、定位和打印。其

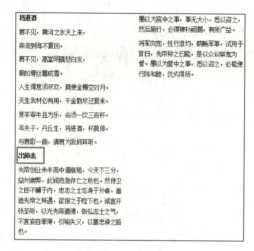
图 3-33 插入分栏符之前

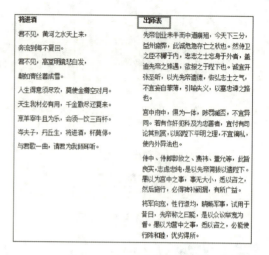
图 3-34 插入分栏符之后

主要设置内容包括页边距、纸张大小和方向、版式以及文档网格等。

要设置页面格式,需切换到【布局】选项卡。如果要设置页边距,在【页面设置】功能组中选择【页边距】下拉按钮。在弹出的下拉列表中,可以选择一种预设的页边距样式。如果需要自定义页边距,可以单击【自定义边距】命令,这会弹出【页面设置】对话框,如图 3-35 所示。在该对话框中,用户可以根据需要设置页边距、纸张方向、纸张大小以及版式等参数。

3.1.12　格式刷

格式刷可以快速复制文本格式。如果在文档中某种格式使用较为频繁,我们就可以利用格式刷来复制该格式,从而简化操作。具体方法如下:

首先,选中需要复制格式的文本(我们称之为"文本 1");

然后,切换到【开始】选项卡,点击【剪贴板】功能组中的【格式刷】按钮,此时光标会变成一个刷子形状;

最后,按住鼠标左键,将光标移动到需要应用该格式的目标文本上(我们称之为"文本 2"),松开鼠标后,文本 2 就会应用上文本 1 的格式,同时光标也会恢复成原来的形状。

注意:单击【格式刷】按钮只能进行一次格式复制,而双击【格式刷】按钮则可以连续进行多次复制。若想结束格式刷操作,只需再次单击【格式刷】按钮即可取消选取状态。

图 3-35 【页面设置】对话框

把设定的格式恢复至默认状态的方法是:

(1) 选定需要清除格式的文本;

(2) 切换至【开始】选项卡,单击【字体】功能组中的【清除格式】按钮 ,此时文本恢复为宋体、五号字状态。

【随堂练习三】《百岁古石榴树悟语》短文档 段落格式设置

对《百岁古石榴树悟语》短文档进行段落格式设置,具体效果如图 3-36 所示。

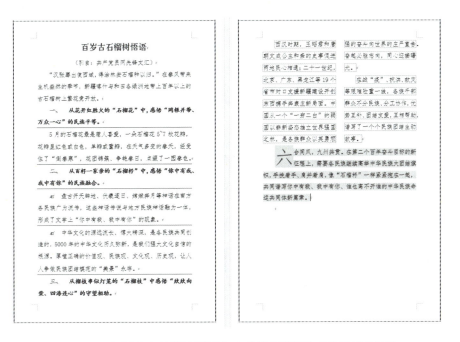

图 3-36　对《百岁古石榴树悟语》短文档进行段落格式设置后效果图

具体操作要求如下。

(1) 打开《百岁古石榴树悟语》源文件。

(2) 保存文档:将文件另存为"学号+姓名+百岁古石榴树悟语",并保存在自己方便访问的位置。

(3) 页面设置:将纸张大小设置为"A4",纸张方向设置为"纵向",页边距上下左右分别设置为 25 mm、25 mm、31.7 mm、31.7 mm。

(4) 标题格式:使用"方正小标宋体",字号为"二号",并居中对齐。

(5) 正文格式。

① 文章出处:使用"仿宋"字体,字号为"三号",并居中对齐。

② 正文第一、三、五、六、八段:使用"仿宋"字体,字号为"三号",两端对齐,首行缩进 2 个字符,行距为 1.6 倍。

(6) 第二、四、七段:使用"楷体"字体,字号为"三号",两端对齐,行距为 1.6 倍,并在段前添加红色编号"一、二、三、"。

(7) 第三段设置红色、1.5 磅粗细的上边框和下边框,应用于整个段落;第五段和第六段设置紫色、1.5 磅粗细的上边框和下边框,同样应用于整个段落;第八段设置绿色、1.5 磅粗细的边框,应用于文字,并将该段分为两栏。

(8) 第九段使用"仿宋"字体,字号为"三号",两端对齐,行距为 30 磅,并设置浅绿色底纹应用于文字。段首的"六"字设置为首字下沉 2 行。

【项目实践】"公文排版"

（1）打开《通知》源文件。

（2）保存文档：依次点击【文件】|【另存为】，打开【另存为】对话框，将文件名改为"学号+姓名+通知"。

版面设置：依次点击【布局】|【页边距】|【自定义边距】，打开【页面设置】对话框。在【页边距】选项卡设置页边距：上为 37 mm，下为 35 mm，左右各为 27 mm。然后切换到【纸张】选项卡，在【纸张大小】下拉列表中选择"A4"纸。

（3）按住<Ctrl>键，选取所有空行处的回车符。在弹出的浮动工具栏，选择"仿宋"和"三号"字体。

（4）版头。

①发文机关标识：选取"xx 学院团学办公室文件"，在【字体】功能组中选择"红色""方正小标宋体"和"小初"字号，然后在【段落】功能组中选择【居中】排布。

②发文字号：选取"X 团学办发【2024】2 号"，在【字体】功能组中选择"仿宋"和"三号"字体，在【段落】功能组中选择【居中】排布。

③分割线：选取"X 团学办发【2024】2 号"，依次点击【开始】|【段落】|【边框】下拉按钮，打开【边框和底纹】对话框后切换至【边框】选项卡。在【设置】栏选择【自定义】，在【颜色】下拉列表中选择"红色"，【宽度】选择 1.5 磅，在【预览】栏选择"下边框线"，在【应用于】下拉列表中选择【段落】，如图 3-37 所示。

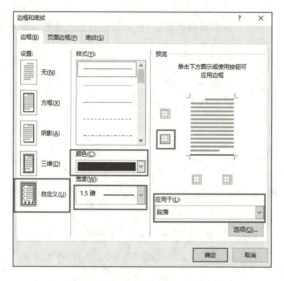

图 3-37　【边框和底纹】对话框设置 1

（5）版体。

①标题：选取"关于举办 xx 活动的通知"，在【字体】功能组中选择"方正小标宋体"和"二号"字，在【段落】功能组中选择【居中】排布。

②主送机关：选取"各团支部"，在【段落】功能组中选择"左对齐"，在【字体】功能组中选择"仿宋"和"三号"字体。

③正文：选取"按照……工作人员名单"，在【字体】功能组中选择"仿宋"体和"三号"字。

单击【段落】功能组右下角的对话框启动器按钮 ▫,打开【段落】对话框,设置行间距为"固定值""28磅",设置特殊格式为"首行缩进""2字符"。结构层次序数依次用"一""(一)""1""(1)"标注。第一层用黑体,第二层用楷体,第三层为仿宋加粗,第四层为仿宋体。

发文机关署名、成文日期:选取"xx学院团学办公室2024年X月25日",在【字体】功能组中选择"仿宋"和"三号"字体,在【段落】功能组中选择"右对齐"。在"2024年X月25日"右侧加四个空格,在"xx学院团学办公室"右侧加空格调整位置。

(6)版记。

分割线:选取需要添加分割线的文本或位置(如"xx学院团学办公室2024年X月25日印发"前的空行),依次点击【段落】功能组【边框】右侧的下拉按钮 ▫,选择【边框和底纹】命令。打开【边框和底纹】对话框后,在【边框】选项卡中,在【设置】栏选择【自定义】,在【样式】列表中选择"直线",在【颜色】下拉列表中选择"自动",在【宽度】下拉列表中选择【1.5磅】。在【预览】栏中选择【上框线】按钮 ▫ 和【下框线】按钮 ▫。在【应用于】下拉列表中选择【段落】,如图3-38所示。

印发机关和印发日期:选取"xx学院团学办公室2024年X月25日印发",在【字体】功能组中选择"仿宋"和"四号"字体。印发机关的左侧空一格,印发日期的右侧也空一格。

图3-38 【边框和底纹】对话框设置2

项目3.2 宣传单

超市特卖宣传单、房地产海报、党团活动宣传栏、招生简章等各类宣传材料在生活中随处可见。Word软件可以通过插入和编辑图片、形状、艺术字等对象,创建出图文混排的效果,从而轻松设计出图文并茂的海报。

【效果展示】

图3-39所示为"大国工匠"宣传单效果图。

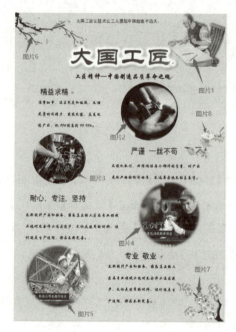

图 3-39 "大国工匠"宣传单效果图

【项目要求】

1. 新建一个空白 Word 文档。

2. 保存文档,文件名为"学号+姓名+宣传单"。

3. 版面设置:选用 A4 纸,页边距设置为上 37 mm、下 35 mm、左右各 27 mm。

4. 页面背景颜色选择具有"再生纸"纹理的效果。

5. 图片 1 格式要求:根据效果图插入图片,删除背景后调整其大小和位置。

6. 图片 2 和图片 3 格式要求:根据效果图插入图片,并将其裁剪为圆形,然后调整其大小和位置。

7. 图片 4 和图片 5 格式要求:根据效果图插入图片,并将其裁剪为圆形,然后调整其大小和位置。

8. 图片 6、图片 7、图片 8 格式要求:插入图片后删除背景,设置阴影效果为外部左上斜偏移,并按照效果图调整大小和位置。

9. 文字"大国工匠让技术让工人撑起中国制造半边天"的字体属性设置为宋体、小四号。

10. 文字"大国工匠"的字体属性为华文隶书、72 磅,填充颜色依次设置为"深红""褐色""深紫"和"茶色",发光颜色为白色,发光大小为 18 磅,发光透明度为 0%。

11. 将文字"工匠精神—中国制造品质革命之魂"的字体属性设置为华文行楷、小二号、加粗,并设置为深蓝色。

12. 文字"精益求精""严谨 一丝不苟""耐心 专注 坚持""专业 敬业"的字体属性设置为等线、20 磅。

13. 正文的字体属性设置为华文行楷、小四号。

项目 3　Word 2016 文字处理

【知识准备】

3.2.1　插入图片

在 Word 文档中,添加对象功能都在【插入】选项卡中,表格、图片、形状、联机图片、SmartArt 图形、图表、文本框、艺术字、公式等都可插入。

Word 2016 可以插入联机图片或联机视频,即无须提前下载到本地,可直接插入网上的图片或视频。

下面以插入联机图片的方法为例:切换到【插入】选项卡,单击【插图】功能组中的【联机图片】按钮。在打开的【插入图片】对话框中输入图片名称,例如"天安门",然后从搜索结果中选择目标图片,单击【插入】按钮,如图 3-40 所示。

图 3-40　插入联机图片

插入本机图片的操作与插入联机图片类似。切换到【插入】选项卡,单击【插图】功能组中的【图片】按钮。在打开的【插入图片】对话框中,通过目标路径找到需要插入的图片,选中该图片并单击【插入】按钮,如图 3-41 所示。

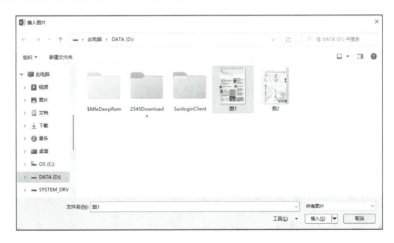

图 3-41　插入本机图片

3.2.2 编辑图片

1. 设置图片的布局选项

操作方法1：选中图片，【布局选项】按钮会出现在图片的右上方，单击该按钮，选择相应文字环绕方式。

操作方法2：选中图片，切换至【图片工具—格式】选项卡，单击【排列】功能组中【位置】按钮，在弹出的下拉列表（见图3-42）中选择【文字环绕】方式，也可以选择【其他布局选项】命令，打开【布局】对话框，在【文字环绕】选项卡设置文字环绕方式。在【布局】对话框中，不仅可以设置文字环绕方式，还能精确设置图片水平垂直位置。

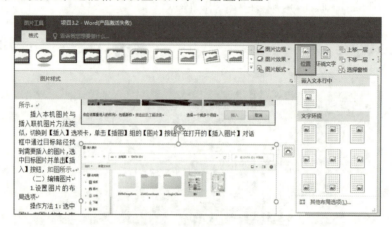

图3-42 设置图片的布局

操作方法3：选中图片，切换至【图片工具—格式】选项卡，单击【排列】功能组中【自动换行】按钮，在弹出的下拉列表中选择文字环绕选项，也可以选择【其他布局选项】命令，打开【布局】对话框，【文字环绕】选项卡设置图片文字环绕方式。该选项卡还可以精确地设置图片距离正文的距离。

2. 各环绕方式的用法

（1）【嵌入型】（默认效果）：是将对象插入当前插入点，就像一个字符一样，不能与其他对象进行组合，但可以参与到正文的排版中。

（2）【四周型】：实现正文环绕于方形图片四周，是较为常用的方式。

（3）【紧密型】：类似于【四周型】，但文字能够填充至图片的空白处。【四周型】与【紧密型】的区别如图3-43所示。

（4）【上下型】：正文环绕于方形图片的上下方。

（5）【衬于文字下方】【浮于文字上方】：这两种排版方式不影响文字的正常显示，图片可以移动到文中的任意位置。一般情况下，做页面背景时选择【衬于文字下方】，而图片的局部需要移出页面之外时，则选择【浮于文字上方】。

3. 调整图片大小和旋转图片

1）调整图片大小

选择需要调整的图片，如图3-44所示，将光标指向边框的上、下、左、右四个控制点。当

四周型　　　　　　　　　　紧密型

图 3-43　【四周型】与【紧密型】的区别

光标变成横向或纵向的双向箭头时，拖动鼠标即可调整图片的高度或宽度；而将光标指向边框四个顶点的控制点时，光标会变为斜向双箭头，此时拖动鼠标，即可实现图片的等比例缩放。

图 3-44　选中需要调整的图片

如果需要将图片调整为特定的高度或宽度，应进行精确的参数设置。操作方法如下：选中需要编辑的图片，切换到【图片工具—格式】选项卡，在【大小】功能组中输入宽度和高度值，然后按【Enter】键确认即可。若要对图片的高度、宽度、旋转角度、缩放比例等进行更精确的设置，可以点击【图片工具—格式】选项卡【大小】功能组右下角的对话框启动器按钮，打开【布局】对话框，在【大小】选项卡进行详细设置，如图 3-45 所示。

2）旋转图片

如需要将图片旋转一个特定的角度，可以按照以下方法进行操作：选中图片后，图片上方会出现一个旋转控件（通常表现为一个旋转箭头）。点击并拖动该控件，即可实现图片的自由旋转。另外，也可以切换到【图片工具—格式】选项卡，点击【排列】功能组中的【旋转】按钮。在弹出的下拉列表中，可以选择预设的旋转样式。若要进行更精确的旋转设置，应点击【旋转】下拉列表中的【其他旋转选项】（见图 3-46），打开【设置图片格式】对话框【大小】选项卡，可以输入具体的旋转角度值来实现精确旋转。

4．裁剪

1）使用鼠标拖动控制柄裁剪图片

选中图片后，切换至【图片工具—格式】选项卡，单击【大小】功能组中的【裁剪】按钮，如

图 3-45 【布局】对话框【大小】选项卡

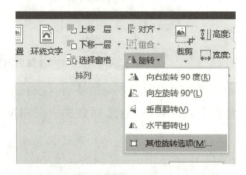

图 3-46 【旋转】按钮及【旋转】下拉列表

图 3-47 所示。此时,图片四周会出现裁剪框,通过拖动裁剪框上的控制柄,可以调整裁剪框内图片的范围。完成裁剪操作后,只需在图片外的空白区域单击,裁剪框外的部分就会被删除。

2) 设置纵横比调整图片

选中图片后,切换至【图片工具—格式】选项卡,单击【大小】功能组中的【裁剪】下拉按钮,然后选择【纵横比】选项。在弹出的列表中,可以选择裁剪图片时希望使用的纵横比,如图 3-48 所示。

3) 按照形状裁剪图片

选中图片后,切换至【图片工具—格式】选项卡,点击【大小】功能组中的【裁剪】下拉按钮。在展开的列表中,选择【裁剪为形状】命令,随后在级联列表中选择一个特定的形状,如图 3-49 所示。此时,图片将被裁剪成所选的指定形状。

图 3-47 【裁剪】按钮

5. 修饰图片

1) 添加图片预设样式

在文档中插入图片后,为了提升图片的显示效果,通常还需要对图片的样式进行设置。具体操作方式如下:选中图片后,切换至【图片工具—格式】选项卡。在【图片样式】功能组中,可以对图片的样式进行详细设置。此外,其他相关按钮的功能如下。

【图片边框】按钮:点击后,在下拉列表中可以为图片轮廓选择颜色、设置宽度和线型等属性。

【图片效果】按钮:如图 3-50 所示,点击后,在下拉列表中可以将各种视觉效果(如阴影、发光、映像、柔化边缘等)应用到图片上。

图 3-48　按照纵横比调整图片

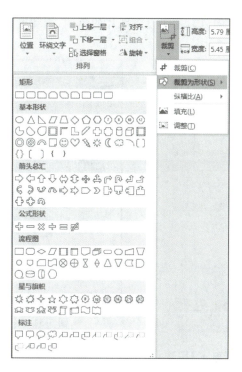

图 3-49　按照形状裁剪图片

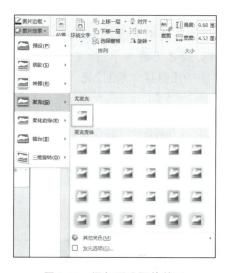

图 3-50　添加预设图片效果

【图片版式】按钮：点击后，在下拉列表中可以将所选图片转化为 SmartArt 图形，从而方便地排列图片、添加标题并调整图片大小。

2）设置图片色彩和色调

在文档中插入图片后，通常还需要调整图片的亮度和对比度以改善其显示效果，或者出于工作需要，将图片色彩设置为灰度效果。操作方法如下：选中图片后，切换至【图片工具—格式】选项卡，在【调整】功能组中可以详细设置图片的色彩和色调。其他按钮的功能如下。

【颜色】：用于设置图片的色调、饱和度及透明色等，如图3-51所示。

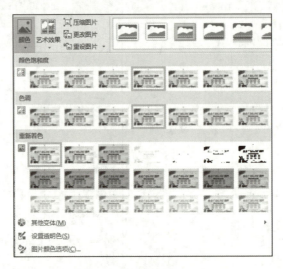

图 3-51 设置图片色彩和色调

【更正】按钮：用于设置图片的亮度和对比度等。

【艺术效果】：用于为图片添加艺术效果。

6. 删除背景

在插入图片时，如果不需要图片的全部内容，而只需提取局部图片，Word 2016 新增的"删除背景"功能可以帮助实现。操作方法如下：首先选中图片，然后切换至【图片工具—格式】选项卡，单击【调整】功能组中的【删除背景】按钮。此时，预计被删除的背景部分会变为紫色。

如果图片背景被删除得过多，可以通过拉动裁剪边框进行调整，或者单击【背景消除】选项卡中的【标记要保留的区域】按钮，用线条绘制出希望保留的区域。

如果背景删除得不彻底，切换至【背景消除】选项卡，单击【标记要删除的区域】按钮，用线条将要删除的区域画出来，直到所有希望删除的背景部分都变成紫色。调整完毕后，在空白处单击即可查看删除背景后的效果，如图3-52所示。

微课：删除图片背景

图 3-52 删除背景

7. 设置图片格式

如果需要对图片的艺术效果做更精确的设置,则需要选择图片后,切换到【图片工具—格式】选项卡,点击【图片样式】功能组对话框启动器按钮，窗口右侧会弹出【设置图片格式】窗格,如图 3-53 所示,透明度、大小、距离、角度等预设效果可以在这里做精确调整。

图 3-53　【设置图片格式】窗格

8. 叠放次序

多个图片的叠放次序默认是最后绘制的图形放置在最上面。要更改图片的叠放次序,可以按照以下方法操作:首先选中需要调整的图片,然后切换至【图片工具—格式】选项卡,接着,单击【排列】功能组中的【上移一层】或【下移一层】按钮,如图 3-54 所示。此外,在下拉列表中还可以选择【置于顶层】或【置于底层】命令,如图 3-55 所示,以进一步调整图片的叠放次序。

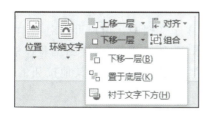

图 3-54　【上移一层】/【下移一层】按钮

图 3-55　【置于顶层】和【置于底层】命令

【随堂练习四】"社会主义核心价值观"展板

制作"社会主义核心价值观"展板,具体效果如图 3-56 所示。

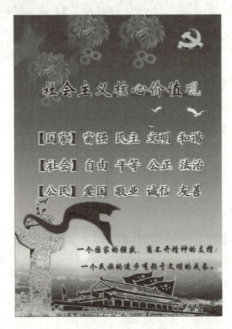

图 3-56 "社会主义核心价值观"展板效果图

操作要求:

根据提供的图片素材,在 Word 文档内,利用布局选项、删除背景、设置透明色以及叠放次序等功能,来完成"社会主义核心价值观"展板的设置工作。

3.2.3 插入及编辑艺术字

在输入文字时有时会希望文字有一些特殊的显示效果,让文档更生动、活泼,这可以通过插入艺术字来实现。

1. 插入艺术字

(1)将光标定位到所需位置,然后切换到【插入】选项卡。接着,单击【文本】功能组中的【艺术字】按钮,从弹出的下拉列表中选择一种艺术字样式,如图 3-57 所示。

(2)此时,文档中会出现一个艺术字输入框,内容为【请在此放置您的文字】,在该输入框中输入想要的艺术字内容,然后单击文档中的空白处,即可完成艺术字的插入。

2. 编辑艺术字

在文档中插入艺术字后,艺术字会以图片的形式存在于文档中。用户可以对艺术字的效果进行个性化设置,具体设置方法如下:首先选中艺术字,然后切换至【绘图工具—格式】选项卡。在【艺术字样式】功能组中,可以详细设置艺术字的样式。此外,其他按钮的功能如下。

【文本填充】按钮:允许使用纯色、渐变、图片或纹理等效果来填充文本。

【文本轮廓】按钮:可以选择颜色、设置宽度,并挑选线条样式来定义文本的轮廓。

【文本效果】按钮：如图 3-58 所示，点击该按钮，在弹出的下拉列表中允许为文字添加诸如阴影、发光、映像、棱台、三维旋转以及转换等丰富的视觉效果。

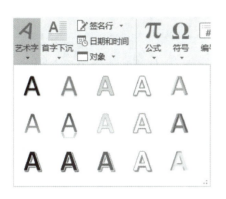

图 3-57　艺术字样式

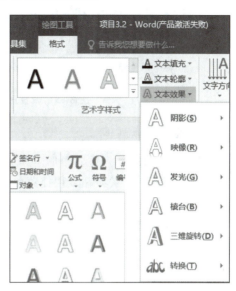

图 3-58　【文本效果】下拉列表

3.2.4　插入与编辑形状

1. 插入形状

Word 2016 中包含了矩形、箭头、圆形和线条等现成的形状图形。用户可以根据编辑需求插入这些形状，以使文档内容更加直观明了。具体的插入方法如下：首先，切换至【插入】选项卡；其次，单击【插图】功能组中的【形状】按钮，并从弹出的下拉列表中选择所需的形状；最后，通过拖动鼠标左键在文档中绘制出所选的形状。

2. 编辑形状

1）形状调整

选中需要调整的形状后，将鼠标指针置于形状四周的任意一个白色圆形控制点上。当指针变为双向箭头时，拖动鼠标即可调整形状的大小。若将鼠标指针置于黄色的菱形控制点上，鼠标指针将变为白色箭头形状，此时拖动鼠标可以改变图形的形状。另外，若将鼠标指针置于形状上方的旋转箭头处，鼠标指针将变为圆形箭头形状，拖动鼠标则可以使图形随之旋转。

2）添加文字

用户在插入形状后，还可以在形状内部添加文字。具体操作为：右击已绘制的形状，在弹出的快捷菜单中选择【添加文字】命令即可开始输入文字。

3）形状样式

选中形状后，切换至【绘图工具—格式】选项卡。在【形状样式】功能组中，可以设置形状的填充、轮廓、效果等，如图 3-59 所示。同时，在【文本】功能组中，可以设置形状内文字的方向和对齐方式，以满足不同的排版需求。

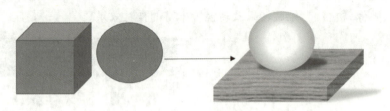

图 3-59 设置形状的填充、轮廓、效果等

3. 多个图形整体编辑

当绘制了多个图形时,这些图形之间会存在叠放位置、整体或独立等关系,这些关系可以通过绘图工具栏的相关按钮或快捷菜单来进行调整。

1)组合与取消组合

组合的操作方法如下:首先,按住 Ctrl 键,然后依次点击选取多个图形对象。接着,切换至【绘图工具—格式】选项卡,在【排列】功能组中单击【组合】按钮,并选择【组合】命令。另外,也可以在已选取的图形上单击鼠标右键,从弹出的快捷菜单中选择【组合】命令。

对于已经组合的整体,若要撤销组合,只需在【排列】功能组中单击【组合】按钮,并在弹出的下拉列表中选择【取消组合】命令即可。

2)叠放次序

多个图形的叠放次序通常是按照绘制的先后顺序来排列的,最后绘制的图形会被置于最上层。若要更改图形的叠放次序,方法与更改图片的叠放次序相同。

【随堂练习五】核酸检测流程图

根据操作要求制作核酸检测流程图,具体效果如图 3-60 所示。

图 3-60 核酸检测流程效果图

操作要求如下。

（1）新建一个 Word 文档，并将其重命名为"学号＋姓名"。接着，打开该文档，并将页面颜色设置为橙色。

（2）插入形状，具体选择【流程图】组中的【文档】形状。然后，设置其填充色为蓝色，轮廓为白色、3 磅实线。

（3）插入艺术字，并设置字体属性：右下角的艺术字字体为黑体二号，其余艺术字字体为黑体一号。对于标题艺术字，需将字符间距加宽 5 磅。

（4）插入一组形状，包括圆角矩形、圆形和正方形。将圆形和正方形设置为橘色填充色、白色轮廓色，并添加蓝色发光效果。圆角矩形则设置为橘色填充色，无轮廓色。在圆角矩形中添加文字"佩戴口罩"，字体为白色、黑体、小二号。在正方形中添加数字序号"1"，字体为黑体、小一号。在圆形中填充佩戴口罩的图片。然后，将这三个形状组合为一个整体。

（5）复制并粘贴该组合图形，依次调整六组图形的位置。同时，根据需求更换形状内的图片与文字。（提示：①如果圆形内的图片在旋转后呈现倒立状态，请取消勾选【与形状一起旋转】复选框，如图 3-61 所示。②如果形状内部的文字在旋转后呈现倒立状态，请勾选【不旋转文本】复选框，如图 3-62 所示。）

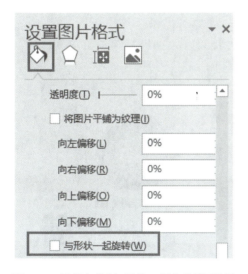

图 3-61　取消勾选【与形状一起旋转】复选框

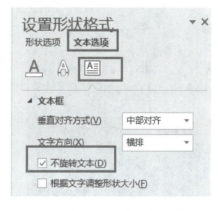

图 3-62　勾选【不旋转文本】复选框

3.2.5　插入及编辑文本框

1. 插入内置文本框

Word 2016 提供了多种内置的文本框样式，如简单文本框、边线型提要栏和条纹型提要栏等。利用这些内置的文本框样式，可以快速制作出所需的文档。具体的插入方法如下：将光标放置在需要插入文本框的位置，然后切换至【插入】选项卡，单击【文本】功能组中的【文本框】按钮，并从弹出的下拉列表中选择所需的文本框样式。

2. 绘制文本框

绘制文本框的步骤如下：首先，将光标放置在需要插入文本框的位置。然后，切换至【插入】选项卡，单击【文本】功能组中的【文本框】按钮，并选择【绘制文本框】命令。接下来，在文档中拖动鼠标以绘制一个水平文本框（若需绘制竖排文本框，操作方法相同）。绘制完成后，即可直接在文本框内输入内容。

3. 编辑文本框

选择文本框后，切换至【绘图工具—格式】选项卡。在该选项卡中，我们可以设置文本框的各种效果，其编辑方法与编辑形状的方法基本一致。

【随堂练习六】制作"扶贫助农 守望相助"农产品特卖海报

制作"扶贫助农 守望相助"农产品特卖海报，其效果如图 3-63 所示。

操作要求如下：

（1）新建一个 Word 文档，并将其重命名为"学号＋姓名"，然后打开该文档。

（2）将页面颜色设置为与孔雀绿色，如图 3-64 所示。

图 3-63　"扶贫助农 守望相助"农产品特卖海报

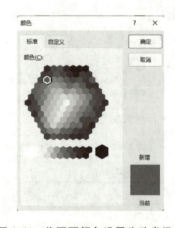

图 3-64　将页面颜色设置为孔雀绿色

（3）插入波点背景图，将其裁剪为直角三角形，并根据效果图进行调整。

（4）插入稻谷图，将其裁剪为圆形，并设置图形边框为灰色、3 磅，线条样式选择圆点。

（5）插入其他图片，并通过设置布局选项、删除背景、调整大小和移动位置等操作，完成图例效果。

（6）插入两个相同的矩形，设置其边框为灰色、2 磅、实线。

（7）文字内容可以以艺术字的形式插入，也可以以文本框的形式完成。其中，"全社会共同努力，消除贫困，改善民生"文字使用等线字体、四号字号，并填充紫色，设置白色发光效果，发光透明度为 0%；"科技扶贫 示范带动 产业扶贫 助农增收"文字使用白色、等线字体、五号字号;"守望相助 扶贫助农"文字使用华文隶书字体、50磅字号、倾斜,并设置填充色和发光等效果。

【项目实践】制作"大国工匠"宣传单

(1) 在桌面空白处右键单击,从弹出的快捷菜单中选择【新建】|【DOCX 文档】。

(2) 将文档重命名为"学号+姓名+大国工匠",然后双击打开。

(3) 通过【页面布局】|【页面设置】功能组中的【纸张大小】选项选择 A4 纸,再点击【页边距】|【自定义页边距】命令,打开【页面设置】对话框。在此,将页边距的上、下、左、右分别设置为 37 mm、35 mm、27 mm、27 mm。

(4) 执行【设计】|【页面背景】功能组中的【页面颜色】|【填充效果】命令,打开【填充效果】对话框。切换至【纹理】选项卡,并选择【再生纸】纹理效果。

(5) 单击【插入】|【图片】,在目标位置选择图片 1 并插入。在文档中选择图片 1 后,单击右上角的【布局】按钮,选择【紧密型】布局。接着,使用【图片工具—格式】|【调整】功能组中的【删除背景】按钮,删除多余背景。然后,通过【图片工具—格式】|【图片样式】功能组中的【图片效果】|【阴影】选项,选择【右上斜偏移】效果的阴影。最后,使用【图片工具—格式】|【大小】功能组中的【裁剪】命令裁剪图片,并通过鼠标拖动调整其位置和大小,以匹配效果图(见图 3-39)。

(6) 类似地,插入图片 2 和图片 3,并选择【紧密型】布局。然后,使用【裁剪为形状】|【椭圆】选项将图片裁剪为圆形,并通过鼠标拖动调整其位置和大小。

(7) 插入图片 4 和图片 5 后,同样选择【紧密型】布局,并将其裁剪为圆形。接着,使用【柔化边缘】效果,并在【设置图片格式】窗格中设置柔化边缘大小为"9 磅"。最后,调整图片位置和大小以匹配效果图。

(8) 插入图片 6、图片 7 和图片 8 后,选择【紧密型】布局,并删除多余背景。然后,为图片添加【左上斜偏移】效果的阴影,并通过鼠标拖动调整其位置和大小。

(9) 单击【插入】|【文本】功能组中的【艺术字】按钮,选择第一个艺术字样式,并在弹出的文本框中输入"大国工匠让技术让工人撑起中国制造半边天"。接着,在【开始】|【字体】功能组中设置字体为宋体、小四号。

(10) 再次插入艺术字,选择第一个样式,并输入"大国工匠"。然后,设置字体为华文隶书、72 磅。通过【绘图工具—格式】|【艺术字样式】功能组右下角的对话框启动器按钮打开【设置文本效果格式】窗格。在此,选择【渐变填充】,并依次设置渐变光圈的颜色为深红、褐色、深紫、茶色;接着,切换到【文字效果】栏,设置发光颜色为白色、发光大小为 18 磅、发光透明度为 0%,如图 3-65~图 3-67 所示。

(11) 文字"工匠精神—中国制造品质革命之魂"的字体属性设置为华文行楷、小二号、加粗、深蓝色(具体步骤略)。

(12) 文字"精益求精""严谨 一丝不苟""耐心 专注 坚持""专业 敬业"的字体属性设置为等线、20 磅(具体步骤略)。

(13) 正文的字体属性设置为华文行楷、小四号(具体步骤略)。

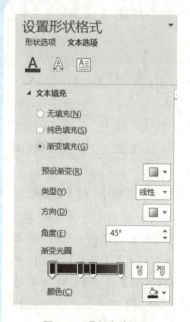
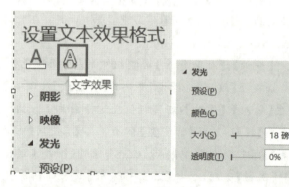

图 3-65 【渐变填充】　　图 3-66 【文字效果】栏　　图 3-67 发光设置

项目 3.3　定点扶贫成效统计表

【效果展示】

"定点扶贫成效统计表"如图 3-68 所示。

表1：xx 农业大学定点扶贫成效统计表

序号	名称	帮扶指标	数量	备注
1	产业帮扶	帮扶产业个数	6个	对接3个传统产业，落地3个科学优势产业
		推广新品种	120余个	菊花120余个、水稻20个、其他10个
		推广新技术	10余项	对接红薯、菊花、蓝莓、畜禽等产业帮扶
		辐射情况	11万亩	带动"1258"农业工程项目
2	智力帮扶	派遣挂职干部	2人	分别挂职xx副县长 xx镇第一书记
		派遣支教情况	4批12人	研究生支教团 定点支教4所乡镇小学
		相关培训	90余场	4个乡镇
3	带动实效	脱贫人数	2500人	4个镇
		贫困户年均增收	1万元	产业帮扶带动
		媒体报道关注	10次	各级平台、广电、日报

图 3-68 "定点扶贫成效统计表"效果图

【项目要求】

1. 新建一个空白 Word 文档,并将其命名为"学号+姓名+统计表"。
2. 版面设置:使用 A4 纸张,页边距设置为上下左右各 20 mm。
3. 输入标题"表 1:xx 农业大学定点扶贫成效统计表",并将该标题的文字属性设置为宋体、二号字体,同时设置为居中对齐。
4. 插入一个 5 列 11 行的表格。
5. 输入表格内的文字内容,并将文字在表格中的对齐方式设置为"水平居中"。表格内第一行的字体属性应设置为等线、三号字体,而其他行内的字体属性则设置为仿宋、四号字体。
6. 调整表格的行高至 1.5 cm,并根据文字内容粗略调整列宽。
7. 根据效果图设置表格的边框线条。
8. 根据效果图的需求,合并或拆分部分单元格。
9. 为第一行设置"浅灰色"底纹。

【知识准备】

俗话说"字不如表",有些内容在表格内表述要更加直观、简便。

3.3.1 插入表格

将光标定位于插入表格的位置,切换至【插入】选项卡,单击【表格】功能组中的【表格】按钮。在弹出的下拉列表中,拖动鼠标选中所需的表格,例如 4×5 的表格,即可在文档中插入对应行列数的表格,如图 3-69 所示。如果插入的行数或列数较多,可以选择使用对话框来插入任意行数与列数的表格。具体操作为:切换至【插入】选项卡,单击【表格】功能组中的【表格】按钮,并选择【插入表格】命令。这将打开【插入表格】对话框,如图 3-70 所示,在【表格尺寸】区域可以设置表格的列数和行数。单击【确定】按钮后,即可插入指定列数和行数的表格。

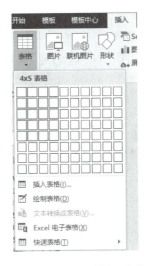

图 3-69 鼠标拖动插入表格

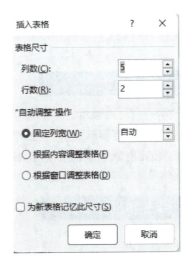

图 3-70 【插入表格】对话框

3.3.2 选定表格、单元格、行、列

编辑表格与编辑普通文档类似,首先需要选择对象,这可能包括单个单元格、一行或一列单元格,甚至是不连续的多个单元格或整个表格。

1. 选择整个表格

在表格的任意位置点击,然后单击表格左上角的【表格选择】按钮,即可选中整个表格。

2. 选择单元格

将鼠标移至单元格的左侧边缘,当光标变为一个指向右上方的黑色实心箭头时,点击鼠标左键即可选择一个单元格。若需选择多个连续的单元格,可以按住鼠标左键并拖动。

3. 选择一行或多行

将鼠标移到表格左侧的行选取区域,当光标变为一个指向右上方的空心箭头时,单击鼠标左键即可选择该行。若需连续选择多行,可以在行选取区域拖动鼠标。

4. 选择一列或多列

将鼠标移到表格顶端的列选取区域,当光标变为一个指向下方的黑色箭头时,单击鼠标左键即可选择该列。若需连续选择多列,可以在列选取区域的顶端拖动鼠标。

3.3.3 插入行、列

根据需要,在已有的表格中插入新的行或列,方法如下:

将光标置于目标单元格中,切换到【表格工具—布局】选项卡,单击【行和列】功能组中的【在下方插入】按钮,即可在该行的下方插入一行空白单元格;单击【行和列】功能组中的【在右侧插入】按钮,即可在该列的右侧插入一列空白单元格。此外,单击【行和列】功能组右下角的对话框启动器按钮,将打开【插入单元格】对话框(如图 3-71 所示),可以在该对话框中设置具体的插入单元格方式。

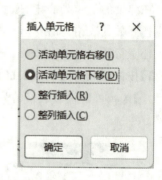

图 3-71 【插入单元格】对话框

3.3.4 删除单元格、行、列

删除多余的行、列和单元格的方法如下:

将插入点置于要删除的行、列或单元格中,切换至【表格工具—布局】选项卡,单击【行和列】功能组中的【删除】按钮,然后选择相应的删除选项(如删除单元格、删除行或删除列)即可。

3.3.5 合并和拆分单元格

1. 合并单元格

用光标选取要合并的多个单元格,然后执行【表格工具—布局】选项卡【合并】功能组中的【合并单元格】按钮即可。

2. 拆分单元格

将光标定位于要拆分的单元格中,然后执行【表格工具—布局】选项卡【合并】功能组中的【拆分单元格】按钮,在弹出【拆分单元格】对话框中设置行数和列数,如图3-72所示。

3.3.6 移动表格

首先选择整个表格。接着,按住鼠标左键拖动鼠标,此时会有一个虚线方框跟随鼠标移动。当虚线方框到达合适的位置后,松开鼠标左键,即可将表格移动到指定位置。

3.3.7 调整行高、列宽

在创建表格时,其行高和列宽都被设置为默认值。如果认为表格的尺寸不合适,可以随时进行调整。以下是调整表格行高和列宽的方法。

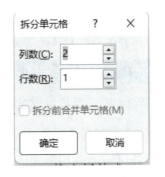

图 3-72 【拆分单元格】对话框

1. 使用鼠标粗略调整

将鼠标指针置于需要调整的边框线上,当鼠标指针变为双向箭头形状时,拖动鼠标左键即可调整表格的高度和宽度。

2. 利用功能区精确调整

选择单元格或整个表格,切换至【表格工具—布局】选项卡,在【单元格大小】功能组中,直接在【高度】和【宽度】文本框内输入所需的行高值和列宽值即可。

3. 利用对话框精确调整

选择单元格或整个表格,切换至【表格工具—布局】选项卡,单击【单元格大小】功能组右下角的对话框启动器按钮,打开【表格属性】对话框。在该对话框中,切换至【行】选项卡,可以逐行精确设置行高。设置列宽的方法类似,只需在相应的选项卡中进行操作即可,如图3-73所示。

图 3-73 【表格属性】对话框【列】选项卡

3.3.8 平均分布各行、各列

平均分布各行和各列可以使选中表格的所有行具有相同的行高,所有列具有相同的列宽。具体方法如下:

选择需要设置的表格区域,然后执行【表格工具—布局】选项卡【单元格大小】功能组中的【平均分布各行】或【平均分布各列】命令。

3.3.9 设置对齐方式

Word 2016 既可以设置表格的对齐方式,也可以设置表格中文本的对齐方式。

1. 文本的对齐方式

选中需要设置的单元格区域,切换至【表格工具—布局】选项卡,然后根据需要,在【对齐方式】功能组(见图 3-74)中选择相应的单元格文字对齐方式按钮。

2. 表格的对齐方式

将插入点置于表格的任意位置,切换至【表格工具—布局】选项卡,单击【单元格大小】功能组右下角的对话框启动器按钮,打开【表格属性】对话框。在该对话框中,切换至【表格】选项卡,即可设置表格的对齐方式和文字环绕方式,如图 3-75 所示。

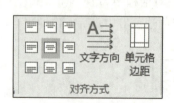

图 3-74 【对齐方式】功能组

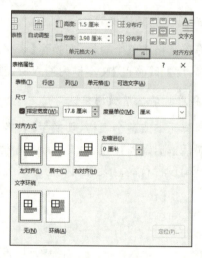

图 3-75 设置表格对齐方式和文字环绕方式

3. 文字方向

选择需要设置的单元格区域,切换至【表格工具—布局】选项卡,在【对齐方式】功能组中单击【文字方向】按钮,文字将在水平方向和竖直方向之间切换。

3.3.10 设置表格边框和底纹

默认情况下,Word 2016 中的表格使用 0.5 磅的单实线边框。为了让表格的外观更加令人满意,可以重新设置表格的边框和底纹。

1. 设置表格边框

（1）选中需要设置的单元格区域，切换至【表格工具—设计】选项卡，在【边框】功能组中设置边框样式、线条粗细、颜色等。详细的边框样式设置可以在【边框】下拉列表中进行。

（2）如果需要进行更详细的边框设置，单击【边框】功能组右下角的对话框启动器按钮，打开【边框和底纹】对话框（如图 3-76 所示）。在该对话框中，切换至【边框】选项卡，在右下角选择"应用于"表格或单元格，在【设置】栏选择边框的类型；在【样式】栏选择边框线型；在【颜色】栏选择边框颜色；在【宽度】栏选择边框线的宽度。在【预览】栏单击图示可应用边框设置，完成后点击【确定】按钮。

图 3-76 【边框和底纹】对话框

2. 设置表格底纹

（1）选中需要设置的单元格区域，切换至【表格工具—设计】选项卡，单击【表格样式】功能组中的【底纹】按钮，从弹出的颜色列表中选择底纹颜色。

（2）如果需要进行更详细的底纹设置，单击【边框】功能组右下角的对话框启动器按钮，打开【边框和底纹】对话框，并切换到【底纹】选项卡。在右下角选择"应用于"表格或单元格，然后设置填充颜色或者选择图案样式，单击【确定】按钮以应用设置。

3.3.11 套用内置表格样式

为了快速美化表格，用户可以使用 Word 2016 中预置的表格样式。将插入点定位在表格内的任意位置，然后切换至【表格工具—设计】选项卡。在该选项卡，点击【表格样式】功能组中的【其他】按钮，从弹出的样式列表中选择所需的表格样式。选择后，Word 2016 会自动预览所选表格样式的效果。

3.3.12 表格中数据的排序

Word 2016 提供了自动排序表格数据的功能，可以按照数字、拼音、笔画或日期等顺序进行排序。具体方法如下：

选中需要排序的单元格区域，切换至【表格工具—布局】选项卡，单击【数据】功能组中的【排序】按钮。这将打开【排序】对话框，在该对话框中指定排序列后，还可以选择进行多重排序设置，以满足更复杂的排序需求，如图 3-77 所示。

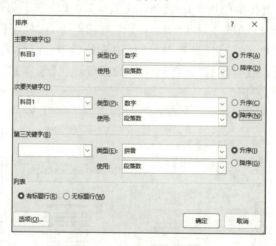

图 3-77 【排序】对话框设置

3.3.13 表格中数据的计算

在 Word 2016 的表格中，为了快速得到计算结果，可以对表格中的数据执行简单的运算。这些运算包括基本的加、减、乘、除等，同时也可以使用 Word 2016 提供的函数来进行更为复杂的计算。具体的操作方法如下。

(1) 确定一个目标单元格，并将插入点置于该单元格内。

(2) 切换至【表格工具—布局】选项卡，单击【数据】功能组中的【公式】按钮，这将打开【公式】对话框（如图 3-78 所示）。

图 3-78 【公式】对话框

在【公式】对话框的【粘贴函数】下拉列表中，可以选择所需的函数。例如，在【公式】栏中输入"=SUM(LEFT)"可以自动计算出该单元格左侧所有单元格内数据的总和；输入"=SUM(ABOVE)"则可以自动计算出该单元格上方所有单元格内数据的总和。

【随堂练习七】制作"卓越工匠班期末考试成绩表"

制作"卓越工匠班期末考试成绩表"，其效果如图 3-79 所示。

卓越工匠班期末考试成绩表

学号	姓名	科目1	科目2	科目3	科目4	总分
1	张宇	79	85	52	91	307
2	王杰	86	86	78	96	346
3	李贺	87	89	69	85	330
4	赵括	84	94	82	87	347
5	孙超	91	68	87	86	332
6	姜丽	72	69	69	85	295
7	魏广	78	66	54	84	282
8	欧阳	75	85	64	79	303
各科平均分		81.5	80.25	69.38	86.63	317.75

图 3-79 "卓越工匠班期末考试成绩表"效果图

具体操作要求如下。

(1) 打开名为"卓越工匠班期末考试成绩表"的文档,并将其另存为"学号＋姓名＋成绩表"。

(2) 使用函数计算每位同学的总分。

(3) 使用函数计算每个科目的平均分。

(4) 根据表中 8 名同学的总分,由高到低进行排序,以整理此成绩表。

【项目实践】制作"定点扶贫成效统计表"

(1) 新建一个 Word 文档,命名为"学号＋姓名＋表格",然后双击打开它。

(2) 执行【页面布局】选项卡下的【页面设置】功能组中的【页边距】命令,选择【自定义边距】,打开【页面设置】对话框。在页边距设置中,将上、下、左、右均设置为"2 厘米"。

(3) 输入标题"表 1:xx 农业大学定点扶贫成效统计表",并将其字体设置为宋体、二号,同时设置为居中对齐。

(4) 执行【插入】选项卡中的【表格】命令,选择【插入表格】,在弹出的对话框中设置行数为"11",列数为"5"。然后,通过拖动表格右下角的缩放标记,将表格调整至页面大小(保持在页边距范围内)。

(5) 输入表格内容。首先,选择表格左上角的【表格移动控点】以全选表格,然后执行【表格工具—布局】选项卡【对齐方式】功能组中的【水平居中】命令。接着,选择第一行数据,将其字体设置为等线、三号;选择其他行内数据,将其字体设置为仿宋、四号。

(6) 选择整个表格,执行【表格工具—布局】选项卡【单元格大小】功能组中的【高度】命令,输入"1.5 厘米"以设置所有行高。接着,将鼠标指针移至需要调整的边框线上,当指针变为双向箭头时,拖动鼠标左键以调整表格列宽。

(7) 设置表格边框:首先,选择整个表格,执行【表格工具—设计】选项卡【边框】功能组中的【边框和底纹】对话框启动器。在【边框】选项卡中,按照效果图(见图 3-68),在【样式】栏中选择 3.0 磅的粗线条,然后在"预览"栏中单击以应用"上框线"和"下框线",再单击【确定】按钮,如图 3-80 所示。接着,选择 2～5 行表格,再次打开【边框和底纹】对话框,在【样式】栏中选择"点画线",并在"预览"栏中单击以应用"内部横框线",如图 3-81 所示。继续在【样式】栏中选择"实线",在【宽度】栏中选择"1.0 磅",并在"预览"栏中单击以应用"上框线"和"下框线",再单击【确定】按钮。其他边框的设置方法与此相同。

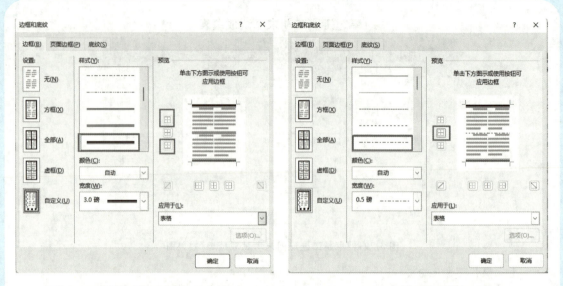

图 3-80　设置样式及上框线、下框线图　　　图 3-81　设置内部横框线

（8）注意：对于个别线条，可以使用边框刷进行设置。例如，要设置整个表格的上下框线为 3 磅的粗线条，可以执行【表格工具—设计】选项卡【边框】功能组中的【笔样式】命令，选择 3 磅的粗线条。然后，将光标变为笔的形状，在目标位置进行描画。描画完成后，单击【边框刷】按钮以取消选择。

（9）拆分单元格：将光标定位于第 6 行第 5 列的单元格中，执行【表格工具—布局】选项卡【合并】功能组中的【拆分单元格】命令。在弹出的【拆分单元格】对话框中，设置行数为"2"和列数为"1"。按照同样的方法拆分第 8 行第 5 列的单元格。然后，根据效果图合并第 1 列和第 2 列的部分单元格。以第 1 列的第 2～5 行为例：选择这四个单元格后执行【合并单元格】命令。

（10）设置底纹颜色：选择第一行并拖动以选中它，然后执行【表格工具—设计】选项卡【表格样式】功能组中的【底纹】命令，选择浅灰色作为底纹颜色（如图 3-82 所示）。

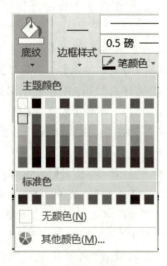

图 3-82　【底纹】主题颜色

项目 3.4　长文档编辑

【效果展示】

长文档编辑效果图如图 3-83 所示。

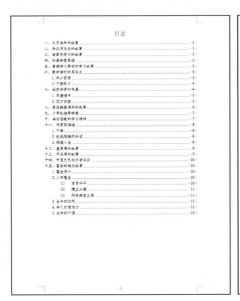

图 3-83　长文档编辑效果图

【项目要求】

1. 打开长文档源文件，并将其另存为"学号＋姓名＋名人励志故事"。
2. 版面设置：使用 A4 纸张，页边距设置为上下左右各 25 mm。
3. 正文文字属性设置为仿宋、四号字体，两端对齐，首行缩进 2 个字符，行距为 1 倍，大纲级别为"正文文本"。
4. 正文标题"名人励志故事"的文字属性设置为等线、小二号字体，同时设置为居中对齐。
5. 一级标题的文字属性设置为楷体、四号字体，两端对齐，首行缩进 2 个字符，段前间距为 0.5 行，行距为 1 倍，大纲级别为"1 级"。
6. 二级标题的文字属性设置为仿宋、四号字体，两端对齐，首行缩进 2 个字符，行距为 1 倍，大纲级别为"2 级"。
7. 三级标题的文字属性设置为仿宋、四号字体，两端对齐，首行缩进 2 个字符，行距为 1 倍，大纲级别为"3 级"。
8. 插入页码，形式为"-1-、-2-、-3-……"连续页码。
9. 在文章最前面插入一个"下一页"分节符，以分隔目录和正文。
10. 在第一页（空白页）中引用自动生成的目录。
11. 将目录页的页码形式调整为普通的"1、2、3……"连续页码。
12. 在正文中插入页眉"名人励志故事"，并去掉页眉下方的横线。
13. 为每幅图片插入题注，并自动进行编号，如"图 1、图 2、图 3……"。
14. 在配文"如所示"的中间部分，交叉引用图片的题注（仅引用标签和编号）。

微课：为同一篇文档设置不同的页眉或者页脚

15. 为文档设置水印，水印内容为"内部文档"，颜色为紫色，半透明效果，并带有倾斜效果。

【知识准备】

对于篇幅较长、标题结构层次复杂且包含大量配图或表格的文档，如果采用普通的编辑方法，那么在编辑、修改或查阅某一特定内容时将会非常困难，甚至可能导致混乱。然而，在学习了长文档编辑技巧之后，这些难题便迎刃而解了。

3.4.1 分隔符

Word 中包含了四种分隔符：分页符、分栏符、换行符以及分节符，如图 3-84 所示。

分页符：用于在文档中的某个位置强制进行分页。

分栏符：确保某一内容能够出现在下一栏的顶部。

换行符：在插入点位置可以强制进行断行；这与直接按回车键的效果不同，通过换行符产生的新行仍然被视为当前段落的一部分。

分节符：Word 默认将整篇文档视为一个节，即只能使用一种版面格式进行编排；若要对文档的多个部分应用不同的格式，就需要插入分节符来将文档分割成多个节。分节符具体分为以下四类。

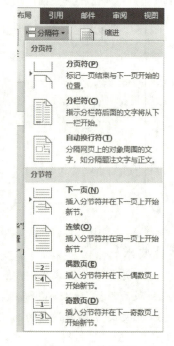

图 3-84　分隔符

（1）【下一页】：此分节符会强制文档进行分页，新节将从下一页开始。例如，如果想改变某一节的纸张方向，可以先插入【下一页】分节符，然后设置新节的纸张方向。

（2）【连续】：添加此分节符后，新节将从当前页的下一行开始。

（3）【偶数页】：添加此分节符后，新节将从当前位置跳转至下一个偶数页上，并自动在偶数页之间留出一页空白。

（4）【奇数页】：添加此分节符后，新节将从当前位置跳转至下一个奇数页上，并自动在奇数页之间留出一页空白。

插入分隔符的方法是：切换到【布局】选项卡，单击【页面设置】功能组中的【分隔符】按钮，然后根据需要选择相应的分隔符。

3.4.2 页眉和页脚

页眉位于页面顶部，用于添加一些标志性信息，如章节名或书名等。页脚则位于页面底部，通常用于显示页码。

1. 插入页眉/页脚

切换到【插入】选项卡，单击【页眉和页脚】功能组中的【页眉】（或【页脚】）按钮，在弹出的列表中选择【编辑页眉】（或【编辑页脚】）。此时，正文会呈现灰色非编辑状态，光标会转移到页眉编辑区（或页脚编辑区）。用户可以根据需要输入页眉（或页脚）的内容。

插入页码：页码是书籍上每页的次序号码，起方便读者检索的作用。插入页码的方法是:切换到【插入】选项卡,单击【页眉和页脚】功能组中的【页码】按钮,在弹出的列表中选择页码的位置和样式。此外,用户还可以单击【设置页码格式】命令,在【页码格式】对话框中设置【编号格式】和【起始页码】,如图 3-85 所示。

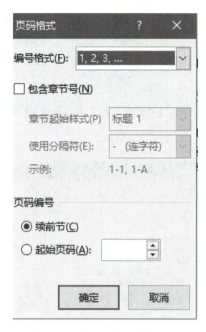

图 3-85 【页码格式】对话框

微课:同一文档
设置不同的页眉
(或页脚)

2. 页眉/页脚编辑

插入分节符后,用户可以在不同的节中应用不同的页眉或页脚格式,这使得页眉和页脚的编辑更加灵活。

在长文档分节后,系统默认会将后一节的页眉和页脚链接到前一节,即与前一节相同。要想为各节设计不同的页眉和页脚,需要取消各节之间的链接。取消(断开)各节之间链接的方法如下。

在【页眉和页脚】编辑状态下,切换到【页眉和页脚工具—设计】选项卡,如图 3-86 所示,单击【导航】功能组中的【链接到前一条页眉】按钮,使其处于未选中状态(即浮起状态),同时页眉右侧的【与上一节相同】字样会消失。这样就断开了链接。接着,可以勾选【选项】功能组中的【奇偶页不同】复选框,使文档使用奇偶页不同的版式。这样,奇偶页便可以分别设置不同的页眉/页脚。

3.4.3 插入题注

在撰写长篇文档时,图表或公式通常按照它们在所在章节中出现的顺序进行分章节编号,例如图 3-1、表 2-1。在文章中需要引用这些图表时,常常使用"见图 3-1"或"如图 3-1 所示"等字样。在文章的编辑过程中,增加或删除部分图表时,使用题注和交叉引用功能能够大大简化对这些编号的维护工作。

插入题注的具体操作步骤如下。

(1)选择要添加题注的图片,然后切换到【引用】选项卡,单击【题注】功能组中的【插入

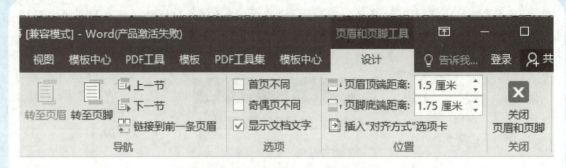

图 3-86 【页眉和页脚工具—设计】选项卡

题注】按钮,打开【题注】对话框,如图 3-87 所示。

图 3-87 【题注】对话框

(2) 在【题注】对话框中,单击【新建标签】按钮,打开【新建标签】对话框,如图 3-88 所示。

(3) 在【新建标签】对话框的【标签】文本框中输入"图",然后单击【确定】按钮。

(4) 在【题注】对话框中单击【编号】按钮,打开【题注编号】对话框,如图 3-89 所示。在【格式】下拉列表中选择一种数字格式,然后单击【确定】按钮。

图 3-88 【新建标签】对话框

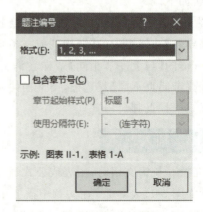

图 3-89 【题注编号】对话框

(5) 在【题注】对话框的【位置】下拉列表中,选择题注将排布在图片的位置(例如上方或下方)。

(6)完成以上设置后,单击【确定】按钮,题注就会被插入文档中。

3.4.4 交叉引用

(1)将光标放置在需要引用题注的文本位置。

(2)切换到【引用】选项卡,单击【题注】功能组中的【插入交叉引用】按钮,打开【交叉引用】对话框。

(3)在【交叉引用】对话框中,在【引用类型】下拉列表中选择合适的项目类型。接着,在【引用内容】下拉列表中选择希望插入的信息类型。最后,在【引用哪一个题注】列表框中,选择想要引用的具体题注内容,如图 3-90 所示。

(4)完成所有设置后,单击【插入】按钮,即可在光标当前位置插入一个交叉引用。插入后的效果如图 3-91 所示。

图 3-90 【交叉引用】对话框设置

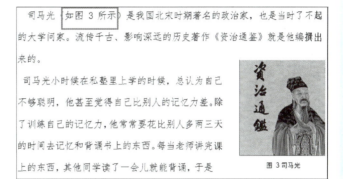

图 3-91 交叉引用的效果

3.4.5 制作文档目录

在编辑长文档时,制作目录是一项必不可少的操作。有了目录,读者便能轻松地定位、浏览和查找所需内容。

1. 使用自动目录样式

(1)在引用目录之前,必须确保各级标题的格式中【大纲级别】已正确设置,即根据标题的实际级别,将【大纲级别】设置为"1 级""2 级"等,如图 3-92 所示。

图 3-92 设置大纲级别

微课:引用目录

(2) 要引用自动目录,请将光标置于希望插入目录的位置,然后切换到【引用】选项卡,单击【目录】功能组中的【目录】按钮,在弹出的下拉列表中选择合适的自动目录样式,如图 3-93 所示。所选的目录样式将立即应用到文档中。

2. 创建自定义目录

(1) 将光标移动到希望插入目录的位置,然后切换到【引用】选项卡,单击【目录】功能组中的【目录】按钮,在弹出的下拉列表中选择【自定义目录】选项。

(2) 打开【目录】对话框【目录】选项卡,如图 3-94 所示。在此选项卡,可以设置目录的格式、显示级别、制表符前导符等。

图 3-93 目录样式列表

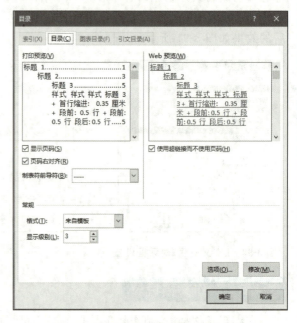

图 3-94 【目录】对话框【目录】选项卡

(3) 设置完成后,单击【确定】按钮,目录将被插入文档中。

3. 更新目录

目录生成后,如果文档内容有所改动,相应页码可能会发生变化。此时,需要更新目录,以确保其准确性。更新目录的方法是:在目录中的任意位置右键单击,然后在弹出的快捷菜单中选择【更新域】命令。接着,打开【更新目录】对话框,选择【只更新页码】或【更新整个目录】,然后单击【确定】按钮完成更新。

4. 拼写检查和语法修正

在文档中可能看到某些字词下方标有红色、蓝色或绿色的波浪线,这是因为 Word 2016 具有"拼写和语法"检查功能。这些波浪线是根据 Word 的内置字典标示出的可能含有拼写或语法错误的单词或短语。其中,红色或蓝色波浪线表示单词或短语可能含有拼写错误,而绿色波浪线则表示可能存在语法错误(但仅为修改建议)。

如果文档中存在错别字、错误的单词或语法问题,Word 2016 会自动以波浪线的形式显示出来。

(1)要检查并修正这些问题,需切换到【审阅】选项卡,然后单击【校对】功能组中的【拼写和语法】按钮。这将打开【拼写和语法】窗格。

(2)在该窗格中,会列出第一个拼写或语法错误。例如,"文档文档"这样的重复文字会被红色波浪线标示出来。

(3)将错误的"文档"删除后,单击【忽略】或【恢复】(如果之前有误删)按钮。

(4)检查并修正所有错误后,单击【确定】按钮即可完成检查工作。此时,文本中的波浪线也会消失。

3.4.6　设置水印

在制作文档时,有时我们希望添加水印以增加版权信息。具体方法如下。

切换到【设计】选项卡,单击【页面背景】功能组中的【水印】按钮。在弹出的下拉列表中,可以选择系统预设的某一种水印效果。如果需要添加更个性化的水印,可以单击【自定义水印】命令,打开【水印】对话框,如图3-95所示。

在【水印】对话框中,可以根据需要选择设置【图片水印】或【文字水印】。如果选择【文字水印】,还可以进一步设置水印的文字内容、字体、字号、颜色、透明度以及版式等参数。完成设置后,水印将被添加到文档中。

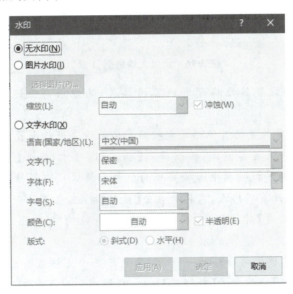

图3-95　【水印】对话框

【项目实践】编辑"名人励志故事"长文档

(1)打开长文档源文件,并将其另存为"学号+姓名+名人励志故事"的格式。

(2)执行以下操作以设置页面边距:点击【布局】选项卡,进入【页面设置】功能组,选择【页边距】,然后点击【自定义边距】。在弹出的【页面设置】对话框中,将页边距的上、下、左、右均设置为"2.5厘米"。

(3)使用鼠标组合键<Ctrl+A>全选文档内容。通过【字体】功能组和【段落】功能组的命令,将全文的文字属性设置为仿宋字体、四号字号、两端对齐、首行缩进2个字符、单倍行距,并将大纲级别设置为"正文文本"。

(4)选择正文标题"名人励志故事",并将其属性设置为等线字体、小二号字号、居中对齐。

（5）选择其中一处一级标题"一、孔子读书的故事"，将其文字属性设置为楷体、四号字号、两端对齐、首行缩进2个字符、段前间距0.5行、单倍行距，并将大纲级别设置为"1级"，如图3-96所示。接着，切换到【开始】选项卡，双击【剪贴板】功能组的【格式刷】按钮，使光标变为刷子样式。然后，逐条刷选正文中的其他一级标题。全部完成后，单击【格式刷】按钮以恢复原状。

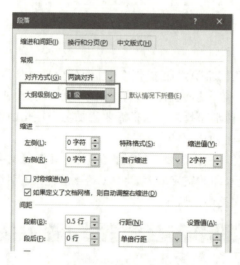

图3-96　设置大纲级别"1级"

（6）后续步骤（如设置其他标题或内容的格式）的方法与上述设置一级标题的方法相同。

（7）同样，后续需要设置的其他格式也按照类似的方法进行设置。

（8）要插入页码并设置其格式，需切换到【插入】选项卡，点击【页眉和页脚】功能组的【页码】按钮。从弹出的下拉列表中选择页码的位置和样式。默认情况下，插入的页码格式为"1、2、3……"。要更改页码格式，需再次点击【页码】按钮，在下拉列表中选择【设置页码格式】。在弹出的【页码格式】对话框中，将【编号格式】更改为"-1-、-2-、-3-、…"，然后点击【确定】按钮。

（9）要将文档正文整体向后移动一页，需将光标置于文档最前方。然后切换到【布局】选项卡，点击【页面设置】功能组的【分隔符】按钮，从弹出的列表中选择【下一页】分节符。

（10）要在位于第一页的空白页插入目录，需将光标移到该位置。然后切换至【引用】选项卡，点击【目录】功能组的【目录】按钮。在弹出的下拉列表中选择【自动目录1】样式，以快速插入目录。

（11）要在正文页眉中设置不同的页码格式，需确保光标在正文任意一页的页眉编辑状态下。然后切换到【页眉和页脚工具—设计】选项卡，点击【导航】功能组的【链接到前一条页眉】按钮以断开链接（按钮将浮起），同时页眉右侧的【与上一节相同】字样将消失。接着，将光标定位到目录页，点击【页眉和页脚】功能组的【页码】按钮，选择【设置页码格式】。在弹出的【页码格式】对话框中，将【编号格式】更改为"1、2、3…"，然后点击【确定】按钮。

（12）要去除页眉横线，需双击页眉处进入编辑状态。输入"名人励志故事"并选择它。然后执行以下操作：点击【设计】选项卡，进入【页面背景】功能组，点击【页面边框】。在弹出的【边框和底纹】对话框的【边框】选项卡中,在"应用于"下拉列表中选择【段落】选项。接着单击"设置"栏的"无"选项,并点击【确定】按钮以去除页眉横线。

(13) 要为图片添加题注,需单击选中需要编号的图片。然后切换到【引用】选项卡,点击【题注】功能组中的【插入题注】按钮。在弹出的【题注】对话框中,点击【新建标签】按钮,在【标签】文本框中输入"图",并点击【确定】按钮返回对话框。在【选项】栏的【标签】和【位置】下拉列表框中分别选择"图"和"所选项目下方",然后点击【确定】按钮。图片下方将出现题注"图",并在其后输入图片名称。再为其他图片添加题注时,只需切换到【引用】选项卡,点击【题注】功能组中的【插入题注】按钮即可。

(14) 要在文档中引用题注编号,需将光标定位到需要引入编号的位置。然后切换到【引用】选项卡,点击【题注】功能组中的【交叉引用】按钮。在弹出的【交叉引用】对话框中,从【引用类型】下拉列表中选择已经添加的题注标签"图"。在右侧的【引用内容】下拉列表中选择"只有标签和编号"选项,并从"引用哪一个题注"的列表中选择所需的题注即可。

(15) 要添加自定义水印,需切换到【设计】选项卡,点击【页面背景】功能组的【水印】按钮。从弹出的下拉列表中选择【自定义水印】命令,打开【水印】对话框。选择【文字水印】单选框,并在文字内容处输入"内部文档"。将颜色设置为"紫色",勾选【透明度】复选框,并将版式选择为"斜式"。最后点击【确定】按钮以应用水印。

项目 4　Excel 2016 电子表格

Excel 2016(简称 Excel)是微软 Office 2016 中的一款具有强大数据处理功能的电子表格软件。利用 Excel,用户可以组织、计算、统计、分析各类数据,并以形象直观的方式展示这些数据。Excel 中还拥有功能强大的函数库可供直接调用,用以高效处理大量数据,大大提升工作效率且确保无误,实用又方便。

本项目介绍了在 Excel 环境中如何完成表格的制作与美化、数据的计算与统计、图表的制作等操作。使用 Excel 2016,用户可以制作表格、修改表格、计算数据,并进一步整理和分析表格中的数据。

项目 4.1　电子表格的编辑

【效果展示】

图 4-1 所示为"员工档案表"效果图。

员工档案表					
编号	姓名	性别	生日	学历	专业
001	周倩	女	1999年1月3日	本科	汉语言文学
002	王景旭	男	1999年12月7日	专科	计算机科学与技术
003	昝美丽	女	1998年9月19日	本科	国际贸易
004	沈浩	男	1998年12月3日	专科	计算机科学与技术
005	刘曦君	男	1998年11月5日	本科	汉语言文学
006	王坤	男	1999年1月3日	专科	国际贸易
007	林一波	男	1998年9月16日	本科	国际贸易
008	刘孟	男	1993年5月3日	研究生	汉语言文学
009	唐维维	女	1992年3月29日	研究生	计算机科学与技术
010	张昕宇	男	1998年2月7日	本科	国际贸易
011	张一伟	男	1991年7月28日	研究生	计算机科学与技术
012	彭小跃	男	1999年10月26日	本科	国际贸易
013	田裕	男	1999年3月30日	本科	汉语言文学
014	李一桐	男	1998年12月18日	专科	计算机科学与技术
015	张永强	男	2000年12月22日	专科	汉语言文学
016	聂磊磊	男	1998年11月15日	本科	计算机科学与技术
017	王成	男	1998年10月1日	本科	汉语言文学
018	贾丽丽	女	1999年8月26日	本科	国际贸易

图 4-1　"员工档案表"效果图

【项目要求】

1. 新建一个工作簿,并将其命名为"编号后两位+姓名+员工档案表",例如"01张三员工档案表"。
2. 新建一个工作表,并将默认的"Sheet1"重命名为"员工档案表"。
3. 设置行高和列宽:将行高设置为"20",列宽则设置为"自动调整列宽"以适应内容。
4. 在"员工档案表"工作表中,按照图4-1所示的效果录入相应的数据信息。

【知识准备】

4.1.1 熟悉 Excel 2016 工作界面

Excel 2016 的工作界面(见图4-2)与 Word 2016 大致相似,主要由标题栏、快速访问工具栏、窗口控制按钮、选项卡、功能区、名称框、编辑栏、状态栏、列标、行号、滚动条、工作表标签以及工作表编辑区等部分组成。

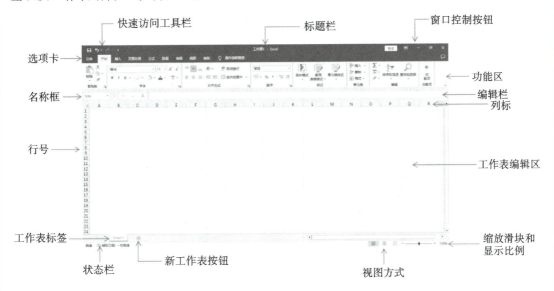

图 4-2　Excel 2016 工作界面

1. 标题栏

标题栏默认位于 Excel 窗口的顶部,主要包括 Excel 标志按钮、快速访问工具栏、当前 Excel 文件名以及窗口控制按钮(如最小化、还原和关闭按钮)。

2. 快速访问工具栏

快速访问工具栏默认包含保存、撤销、重复按钮。用户可以根据需要自定义快速访问工具栏中的功能图标,通过下拉按钮选择"自定义快速访问工具栏"进行设置。

3. 窗口控制按钮

窗口控制按钮包括 Microsoft Excel 的帮助功能、功能区显示选项(如自动隐藏功能区、显示选项卡和显示选项卡及命令)以及窗口的最小化、还原和关闭按钮。

4. 选项卡

Excel 提供了文件、插入、页面布局、公式、数据、审阅、视图等多个选项卡,每个选项卡都包含多个功能区。用户可以通过切换选项卡来查看和使用不同的功能区。

5. 功能区

Excel 的主要功能都集中在功能区中,功能区包含在各个选项卡下的各种命令按钮。用户可以通过【文件】选项卡中的【选项】命令来自定义功能区,添加或删除功能选项。在功能区的右下角有一个折叠功能区的按钮 ∧,点击可以隐藏功能区。通过点击任意菜单项,可以恢复功能区的显示,并通过【固定功能区】按钮 📌 实现将功能区重新固定。此外,还可以通过快捷键 Ctrl+F1 来隐藏或显示功能区。

6. 名称框

名称框用于显示当前活动单元格的地址,通常使用"列标+行号"的形式表示,如 A1 表示位于第 A 列第 1 行的单元格。

7. 编辑栏

编辑栏用于显示和编辑当前活动单元格中的数据或公式。编辑栏中默认包含名称框、插入函数按钮和编辑框,输入数据或插入公式时还会显示取消和输入按钮。

8. 列标

列标使用大写英文字母(如 A、B、C……)表示。

9. 行号

行号使用阿拉伯数字(如 1、2、3……)表示。

10. 工作表标签

工作表标签用于显示工作表的名称,如"Sheet1""Sheet2"等。按住 Ctrl 键,单击工作表标签左侧的 ◀ 按钮,可以将当前工作表标签移动到最左侧或最右侧。单击 ◀ 或 ▶ 按钮可以切换到前一个或后一个工作表标签。右键点击工作表标签滚动按钮,可以在弹出的快捷菜单中选择任意工作表进行切换。

11. 新工作表按钮

每点击一次新工作表按钮,就会增加一个工作表。在 Excel 2016 中,一个工作簿中最多可以包含 255 个工作表。

12. 视图方式

视图方式显示在状态栏的右侧,用于设置工作表的显示方式,包括普通视图、页面布局视图和分页预览视图。用户也可以通过选择【视图】选项卡中的【工作簿视图】功能组来设置工作表的显示方式。

13. 缩放滑块和显示比例

在视图方式右侧分别有缩放滑块和显示比例设置,用于调整当前工作表的显示比例。

可以通过拖动缩放滑块来缩小或放大工作表的显示区域,也可以通过点击显示比例在弹出的对话框中按需设置工作表的显示区域。

14. 状态栏

Excel 的状态栏位于窗口的最底部,用于显示状态信息。用户可以通过右键点击状态栏,在弹出的【自定义状态栏】对话框中设置状态栏的信息显示内容。

4.1.2 了解工作簿、工作表、单元格

1. 工作簿、工作表、单元格的定义

工作簿:在 Excel 2016 中,它是用来存储和处理数据的文件,也被称为电子表格,其文件扩展名为".xlsx"。新建的工作簿默认命名为"工作簿1",若继续新建,则依次命名为"工作簿2""工作簿3"……,并且在标题栏的文档名称处会显示相应的工作簿名称。

工作表:它是进行数据录入、显示和分析的工作场所,存放在工作簿中。默认情况下,新建的工作簿中包含一个命名为"Sheet1"的工作表,若继续新建,则按照先后顺序,新的工作表分别被命名为"Sheet2""Sheet3""Sheet4"……。

单元格:它是 Excel 中最基本的数据存储单元,通过对应的行号和列标进行命名和引用。单个单元格的地址可表示为"列标+行号",而多个连续选择的单元格组成的区域称为单元格区域,其地址表示为"起始单元格:结束单元格",例如 A1 与 B2 之间的连续单元格区域可表示为 A1:B2。若单元格带有黑色粗框,则表示此单元格为当前的活动单元格,即可对其进行编辑操作。

2. 工作簿、工作表与单元格之间的关系

一个工作簿中包含了一张或多张工作表,而一张工作表则由单元格组成。工作簿在计算机中以文件的形式独立存在,工作表存在于工作簿中,单元格又依附于工作表中。因此,它们三者之间是包含与被包含的关系。

4.1.3 切换工作簿视图

在 Excel 中也可根据需要在界面右下角的视图栏中单击【视图】按钮组中的相应按钮,或在【视图】选项卡【工作簿视图】功能组中单击相应按钮切换视图。

4.1.4 工作表窗口的拆分和冻结

当工作表范围很大时,屏幕上只能显示工作表的部分数据。如果需要比对工作表中位置较远的数据,可以按水平和垂直两个方向将工作表窗口分割成几个部分。拆分后的窗口中会有滚动条,用以显示工作表的不同部分。

为了在工作表滚动时保持行标题和列标题或其他数据可见,可以"冻结"窗口的顶部和左侧区域。被冻结的数据区域不会随着工作表其他部分的滚动而移动,始终保持可见状态,而使用滚动条则可以查看工作表的其他内容。

4.1.5 选择工作表

选择单张工作表:单击工作表标签,即可选择对应的工作表。

选择连续多张工作表:先单击选择第一张工作表,然后按住<Shift>键不放,同时选择需要连续选择的工作表的最后一张工作表。

选择不连续的多张工作表:先单击选择第一张工作表,然后按住<Ctrl>键不放,同时选择其他需要不连续选择的工作表。

选择整个工作簿的所有工作表:用鼠标右键点击任意一张工作表标签,在弹出的快捷菜单中选择【选定全部工作表】选项。

4.1.6 工作表标签的操作

1. 插入工作表

通过点击工作表标签右侧的【新工作表】按钮 ⊕,即可在活动工作表的右侧新建一个工作表。

2. 删除工作表

鼠标右击要删除的工作表标签,在弹出的快捷菜单中选择【删除】命令,所选的工作表就会被删除。

3. 重命名工作表

方法一:右击要重命名的工作表标签,在弹出的快捷菜单中选择【重命名】命令,然后输入新的工作表名称,即可实现工作表的重命名。

方法二:双击要重命名的工作表标签,直接输入新的工作表名称后按 Ctrl 键即可。

4. 移动工作表

方法一:鼠标右击需要移动的工作表标签,选择【移动或复制】,在弹出的【移动或复制工作表】对话框中设置需要移动的位置,点击【确定】按钮,即可实现工作表的移动。

方法二:鼠标左键选择需要移动的工作表,按住鼠标左键的同时拖动鼠标,黑色倒三角▼标识表示工作表新的移动位置,松开鼠标即可完成移动。

5. 复制工作表

方法一:鼠标右击需要复制的工作表标签,选择【移动或复制】,在弹出的【移动或复制工作表】对话框中设置新工作表的位置,并勾选【建立副本】选项,点击【确定】按钮,即可复制工作表。

方法二:选中要复制的工作表标签,按住<Ctrl>键的同时拖动鼠标左键,黑色倒三角▼标识表示新工作表的位置,松开鼠标即可完成复制。

6. 隐藏工作表

选择需要隐藏的工作表,在工作表标签上单击鼠标右键,在弹出的快捷菜单中选择【隐藏】命令,即可将选中的工作表隐藏起来。

7. 取消隐藏工作表

在工作簿的任意位置单击鼠标右键,选择【取消隐藏】命令。在打开的【取消隐藏】对话框的列表框中选择需要显示的工作表,然后点击【确定】按钮,即可将隐藏的工作表显示出来。

4.1.7 选择单元格

在 Excel 中,必须先选中单元格的区域,再进行单元格内容的输入和编辑,如表 4-1 所示。

表 4-1 单元格的选择方法

单元格的选择	操作方法
选择单个单元格	用鼠标左键单击相应的单元格,或选择任意单元格,再用键盘中的↑↓←→方向键移动到需要选择的单元格
选择连续单元格区域	方法一:单击该区域的第一个单元格,且不松开鼠标继续拖动鼠标至最后一个单元格。 方法二:先选中第一个单元格,再按住<Shift>键选中需要的最后一个单元格
选择工作表中所有的单元格	单击名称框下方的【全选】按钮
选择不相邻的单元格或单元格区域	先选中第一个单元格,再按住<Ctrl>键依次选中其他的单元格或单元格区域
选择整行	单击行号
选择整列	单击列标
选择相邻的行或列	方法一:沿行号(选择行)或列标(选择列)拖动鼠标。 方法二:先选中第一行(选择行)或第一列(选择列),然后按住<Shift>键选中最后一行或列
减少或增加活动区域中的单元格	选中第一个单元格,按住<Shift>键并单击新选中区域中的最后一个单元格,在第一个选中的单元格和所单击的最后一个选中的单元格之间的矩形区域将形成新的选中单元格区域
取消单元格选中区域	单击任意一个选中区域外的单元格

4.1.8 插入与删除单元格

1. 插入单元格

(1)选择与新单元格相邻的单元格,然后在【开始】选项卡【单元格】功能组中点击【插入】按钮右侧的下拉按钮,并选择【插入单元格】选项。

(2)打开【插入】对话框后,单击选中对应的单选项,然后点击【确定】按钮即可。

(3)通过点击【插入】按钮右侧的下拉按钮,在弹出的下拉列表中选择【插入工作表行】或【插入工作表列】选项,可以插入整行或整列的单元格。新插入的整行单元格会出现在选中单元格的上方,而新插入的整列单元格则出现在选中单元格的左侧。此外,也可以通过【插入】对话框中的【整行】和【整列】功能来实现整行或整列单元格的插入。

2. 删除单元格

（1）选择要删除的单元格，然后单击【开始】选项卡【单元格】功能组中的【删除】按钮右侧的下拉按钮，并在弹出的下拉列表中选择【删除单元格】选项。

（2）应打开【删除单元格】对话框，单击选中对应的单选项后，单击【确定】按钮即可删除所选单元格。

（3）单击【删除】按钮右侧的下拉按钮，在打开的下拉列表中选择【删除工作表行】或【删除工作表列】选项，即可删除整行或整列的单元格。此外，删除整行或整列单元格也可以通过【删除单元格】对话框中的【整行】和【整列】选项来实现。

4.1.9 输入表格数据

Excel 数据类型丰富多样，其中最常用的为文本型和数值型。文本，即字符串，主要用于解释说明性数据的描述。而所有能进行数值及逻辑运算的数据，均归类为数值型数据。

数据输入方式多样，具体如下。

1. 输入文本

Excel 中的文本涵盖汉字、英文字母、数字、空格及键盘可输入的其他符号。文本在单元格内默认左对齐。若文本全为数字（如电话号码、身份证号码），可在数字前加英文单引号，Excel 即将其视为文本处理。当文本长度超出单元格宽度时，若右侧单元格无内容，则文本会溢出显示；反之，则仅显示单元格宽度内的内容。

2. 输入数值

Excel 中的数值由 0～9 的数字和特殊符号（＋、－、E、e、$、/、%、.（小数点）、,（千位分隔符）等）构成，数值型数据在单元格中自动右对齐。当输入数值超过 11 位时，Excel 会自动采用科学计数法表示，但输入内容仍在编辑栏中可见。输入分数时，需在整数和分数间加一个空格（如 $3\frac{1}{2}$ 输入为"3 空格 1/2"，$\frac{1}{2}$ 输入为"0 空格 1/2"）。

3. 输入日期和时间

日期输入格式如 2021/10/1、2021-10-1 等；时间输入格式如 10:15:30、10:15 AM 等；日期时间组合输入格式为 2021-10-1 10:15:30。

4. 输入逻辑型数据

逻辑型数据分为 TRUE(真)和 FALSE(假)，不区分大小写。

5. 自动填充数据

Excel 提供自动填充功能，便于快速填充有规律的数据。使用填充柄可填充相同内容或按序列填充。选中单元格区域并拖动填充柄即可实现快速填充。若单元格内容为 Excel 自动填充序列之一，可使用填充柄按序列填充。

6. 使用填充按钮填充内容

对于工作表中有规律的数据输入，可使用【填充】按钮。填充相同数据时，先输入数据到首个单元格，选中需填充的单元格区域，点击【开始】选项卡【编辑】功能组中的【填充】按钮，在下拉列表中选择【向下】即可。输入等比序列时,选中需填充的区域,点击【填充】按钮并选择【序列】,在弹出的"序列"对话框中设置序列方向、填充类型、步长值及终止值即可。

4.1.10 编辑单元格数据

在编辑单元格数据时,首先要选中需要进行操作的单元格或单元格区域。

1. 修改单元格内容

方法一:双击要修改内容的单元格,将鼠标光标定位在该单元格中,然后根据需要进行内容的修改。

方法二:选中需要修改内容的单元格,在【编辑栏】中定位鼠标光标,同样可以修改单元格内的内容。

2. 删除单元格内容

方法一:选中要删除内容的单元格或单元格区域,在【开始】选项卡【编辑】功能组中点击【清除】按钮 ,并在弹出的下拉列表中选择【全部清除】,这样会将选中区域的原有内容、格式等全部清除。

方法二:选中要删除内容的单元格或单元格区域,直接点击键盘上的【Delete】键,即可清除选中的单元格或单元格区域的所有内容。

方法三:选中要删除内容的单元格或单元格区域,鼠标右击,在弹出的列表框中选择【清除内容】选项,这样就可以将选中的单元格或单元格区域的所有内容清除。

3. 复制单元格内容

方法一:选中需要复制内容的单元格或单元格区域,鼠标右击,在弹出的快捷菜单中选择【复制】命令,然后选中需要粘贴的目标单元格,再次右击鼠标,在弹出的快捷菜单中选择【粘贴】即可。

方法二:选中需要复制内容的单元格或单元格区域,使用复制快捷组合键<Ctrl+C>,再选中需要粘贴的目标单元格,使用粘贴快捷组合键<Ctrl+V>,同样可以达到复制单元格内容的目的。

4. 移动单元格内容

方法一:选中需要移动内容的单元格或单元格区域,将鼠标移动到单元格的边框上,当鼠标出现上下左右四个黑色箭头的标识时,按住鼠标左键并拖动虚框,直至到新的目标单元格位置松开鼠标,即可完成单元格内容的移动操作。

方法二:选中要移动内容的单元格或单元格区域,使用剪切快捷组合键<Ctrl+X>,再选中新的目标单元格,使用粘贴快捷组合键<Ctrl+V>,也可以实现单元格内容的移动。

4.1.11 查找与替换数据

1. 查找数据内容

方法一:通过功能按钮查找。

(1) 在【开始】选项卡【编辑】功能组中,单击【查找和选择】按钮,然后在打开的下拉列表中选择【查找】选项。这将打开【查找和替换】对话框,如图 4-3 所示,并自动选中【查找】选项卡。

(2) 在【查找内容】文本框中输入要查找的数据,然后单击【查找下一个】按钮。系统将快速查找到匹配条件的目标单元格。

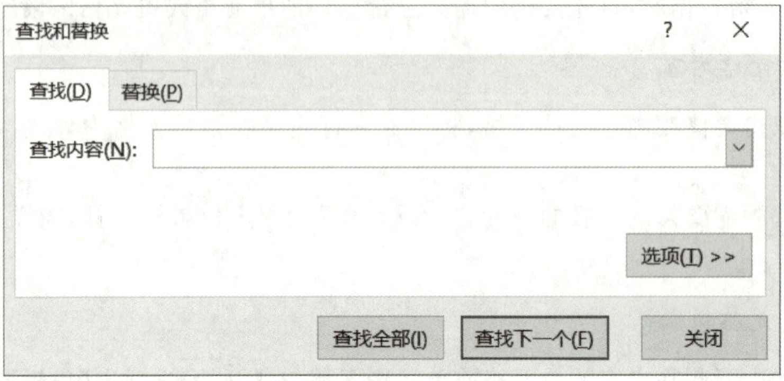

图 4-3 【查找和替换】对话框

(3) 单击【查找全部】按钮,可以在【查找和替换】对话框下方的列表中显示所有包含需要查找数据的单元格位置。完成查找后,单击【关闭】按钮以关闭【查找和替换】对话框。

方法二:通过快捷组合键<Ctrl+F>,也可以快速打开【查找和替换】对话框。

2. 替换数据内容

(1) 在【开始】选项卡【编辑】功能组中,单击【查找和选择】按钮,然后在打开的下拉列表中选择【替换】选项。这将打开【查找和替换】对话框,并自动选中【替换】选项卡。

(2) 在【查找内容】文本框中输入要查找的数据,然后在【替换为】文本框中输入需替换的新内容。

(3) 单击【查找下一个】按钮,系统将查找到符合条件的数据。此时,可以单击【替换】按钮进行数据替换,或者单击【全部替换】按钮,以一次性替换掉所有符合条件的数据。

4.1.12 设置行高和列宽

1. 调整行高或列宽

将鼠标指针指向行号(列标)之间的分界线,当鼠标指针变为双箭头形状时,按住鼠标左键并向上或向下(向左或向右)拖动,即可调整行高(列宽)。

2. 设置行高或列宽的值

方法一:选中要调整行高(列宽)的行(列),鼠标右击,在弹出的快捷菜单中选择【行高】(【列宽】)。在随后弹出的【行高】(【列宽】)对话框中输入所需的值,然后点击【确定】按钮,即可成功设置行高(列宽)。

方法二:选中要调整行高(列宽)的行(列),在【开始】选项卡,点击【单元格】功能组中的【格式】下拉按钮,从列表中选择【行高】或【列宽】命令,也可以设置行高或列宽的具体数值。

3. 自动调整行高或列宽

方法一:选中要调整行高(列宽)的单元格区域,在【开始】选项卡,点击【单元格】功能组的【格式】按钮,然后从列表中选择【自动调整行高】或【自动调整列宽】命令,以自动调整行高或列宽。

方法二:将鼠标移动到需要调整行高的行号下端的分界线上,当鼠标指针变为双箭头时,双击鼠标左键,Excel 会根据该行中内容最多的单元格的高度自动调整行高。同理,将鼠标移动到需要调整列宽的列标右侧的分界线上,当鼠标指针变为双箭头时,双击鼠标左键,Excel 会根据该列中内容最多的单元格的宽度自动调整列宽。

【项目实践】制作"员工档案表"

1. 新建并保存工作簿

1)启动 Excel 2016

方法一:通过快捷方式启动,依次点击【开始】按钮—【所有程序】—【Microsoft Office】—【Microsoft Excel 2016】菜单命令。

方法二:直接双击桌面上的 Excel 快捷图标。

2)新建工作簿

方法一:启动 Excel 时,系统会自动新建一个名为"工作簿1.xlsx"的空白工作簿,默认包含一个工作表 Sheet1。

方法二:在已打开的 Excel 中,点击【文件】选项卡下的【新建】命令,然后在"可用模板"列表框中选择"空白工作簿"选项,并点击右下角的【创建】按钮。

方法三:在已打开的 Excel 文件下,使用新建快捷组合键<Ctrl+N>新建一个工作簿。

3)保存工作簿

方法一:点击【文件】选项卡下的【保存】命令。

方法二:点击【快速访问工具栏】中的【保存】按钮。

方法三:使用保存快捷组合键<Ctrl+S>。

2. 增加、删除工作表

一个 Excel 工作簿中可以包含多张工作表,根据需求可以添加或删除工作表。在 Excel 2016 中,一个工作簿中最多可有 255 张工作表,至少应有 1 张工作表。

1)增加工作表

方法一:单击 Excel 界面下方的【新工作表】按钮 ⊕,即可在当前工作表的右侧新建一张工作表。

方法二:鼠标右击任意工作表标签,在弹出的快捷菜单中选择【插入】选项,然后在【插入】对话框中选择【工作表】命令,并点击【确定】按钮,即可在选中工作表的左侧新建一张工作表。

2)删除工作表

鼠标右击需要删除的工作表标签,在弹出的快捷菜单中选择【删除】命令。

3. 重命名工作表

一个 Excel 文件称为一个"工作簿",一个工作簿中可以包含多张"工作表"。为了区分这些工作表,可以对每一张工作表进行重命名。

右击需要重命名的工作表标签,选择快捷菜单中的【重命名】选项。当工作表标签内容变为可编辑状态时,输入新的工作表名称,然后按<Enter>键或点击除工作表标签外的任意地方即可确定输入内容，完成工作表的重命名。

4. 输入文本内容

将鼠标光标移至"员工档案表"的左上角，选中 A1 单元格并输入"编号"，然后按<Enter>键确认输入。接着，将其他文本信息依次输入，如图 4-4 所示。

编号	姓名	性别	生日	学历	专业
	周倩			本科	汉语言文学
	王景旭			专科	计算机科学与技术
	昝美丽			本科	国际贸易
	沈浩男			专科	计算机科学与技术
	刘曦君			本科	汉语言文学
	王坤			专科	国际贸易
	林一波			本科	国际贸易
	刘孟			研究生	汉语言文学
	唐维维			研究生	计算机科学与技术
	张昕宇			本科	国际贸易
	张一伟			研究生	计算机科学与技术
	彭小跃			本科	国际贸易
	田裕			本科	汉语言文学
	李一桐			专科	计算机科学与技术
	张永强			本科	汉语言文学
	聂磊磊			本科	计算机科学与技术
	王成			本科	汉语言文学
	贾丽丽			本科	国际贸易

图 4-4　文本内容效果图

5. 输入文本型数据

（1）要输入编号序列数据，先选中 A2 单元格，并将输入法切换到英文状态，然后输入一个英文单引号。

（2）在英文单引号后紧接着输入 001。

（3）选中 A2 单元格后，将鼠标移至单元格右下角的填充柄上。当鼠标指针变为实心十字时，向下拖动填充柄至 A19 单元格。在弹出的【自动填充选项】按钮中，选择【填充序列】，即可实现自动填充序列，如图 4-5 所示。

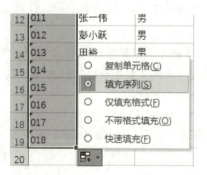

微课：自动填充序列

图 4-5　自动填充编号

6. 快速输入数据

（1）要快速输入性别列数据，先选中 C2 单元格，然后按住<Ctrl>键不放，依次点击

C4、C10、C19 单元格以选中它们。

(2) 松开<Ctrl>键后，输入"女"。此时，虽然只有 C2 单元格显示"女"，但其他选中的单元格也会随后被填充"女"。

(3) 按<Ctrl+Enter>组合键，此时所有之前选中的单元格都会自动填充上输入的数据"女"。

微课：快速输入性别列

(4) 按照相同的方法，选中需要输入"男"的单元格，并输入数据"男"，效果如图 4-6 所示。

编号	姓名	性别	生日	学历	专业
001	周倩	女		本科	汉语言文学
002	王景旭	男		专科	计算机科学与技术
003	曾美丽	女		本科	国际贸易
004	沈浩男	男		专科	计算机科学与技术
005	刘曦君	男		本科	汉语言文学
006	王坤	男		专科	国际贸易
007	林一波	男		本科	国际贸易
008	刘孟	男		研究生	汉语言文学
009	唐维维	女		研究生	计算机科学与技术
010	张昕宇	男		本科	国际贸易
011	张一伟	男		研究生	计算机科学与技术
012	彭小跃	男		本科	国际贸易
013	田裕	男		本科	汉语言文学
014	李一桐	男		专科	计算机科学与技术
015	张永强	男		专科	汉语言文学
016	聂磊磊	男		本科	计算机科学与技术
017	王成	男		本科	汉语言文学
018	贾丽丽	女		本科	国际贸易

图 4-6 快速输入数据效果图

7．输入日期型数据

(1) 选中 D2:D19 单元格区域。

(2) 右击选中的单元格区域，在弹出的快捷菜单中选择【设置单元格格式】。

(3) 在【设置单元格格式】对话框中，选择【数字】选项卡下的【日期】分类，并在【类型】列表框中选择【2012 年 3 月 14 日】这种日期格式。然后点击【确定】按钮。

(4) 在 D2 单元格中输入"1999/1/3"，并按<Enter>键。此时，D2 单元格会自动显示为"1999 年 1 月 3 日"的样式。

(5) 按照相同的方法，将 D3:D19 单元格填充完整，效果如图 4-7 所示。

8．插入单元格

(1) 将鼠标指向数据行左侧的行号"1"，当鼠标指针变为黑色箭头时，单击鼠标左键即可选中一整行的数据内容。

(2) 选中数据行后右击鼠标，在弹出的快捷菜单中选择【插入】选项。此时，会在所选第一行的上方插入一行空白数据行。在 A1 单元格中输入"员工档案表"，效果如图 4-8 所示。

(3) 若要将鼠标指向数据列上侧的列标"A"，并选中一整列的数据内容，只需在鼠标指针变为黑色箭头时单击鼠标左键即可。此时右击鼠标，在弹出的快捷菜单中选择【插入】选

编号	姓名	性别	生日	学历	专业
001	周倩	女	1999年1月3日	本科	汉语言文学
002	王景旭	男	1999年12月7日	专科	计算机科学与技术
003	曾美丽	女	1998年9月19日	本科	国际贸易
004	沈浩男	男	1998年12月3日	专科	计算机科学与技术
005	刘曦君	男	1998年11月5日	本科	汉语言文学
006	王坤	男	1999年1月3日	专科	国际贸易
007	林一波	男	1998年9月16日	本科	国际贸易
008	刘孟	男	1993年5月3日	研究生	汉语言文学
009	唐维维	女	1992年3月29日	研究生	计算机科学与技术
010	张昕宇	男	1998年2月7日	本科	国际贸易
011	张一伟	男	1991年7月28日	研究生	计算机科学与技术
012	彭小跃	男	1999年10月26日	本科	国际贸易
013	田裕	男	1999年3月30日	本科	汉语言文学
014	李一桐	男	1998年12月18日	专科	计算机科学与技术
015	张永强	男	2000年12月22日	专科	汉语言文学
016	聂磊磊	男	1998年11月15日	本科	计算机科学与技术
017	王成	男	1998年10月1日	本科	汉语言文学
018	贾丽丽	女	1999年8月26日	本科	国际贸易

图 4-7　输入日期型数据

员工档案表

编号	姓名	性别	生日	学历	专业
001	周倩	女	1999年1月3日	本科	汉语言文学
002	王景旭	男	1999年12月7日	专科	计算机科学与技术
003	曾美丽	女	1998年9月19日	本科	国际贸易
004	沈浩男	男	1998年12月3日	专科	计算机科学与技术
005	刘曦君	男	1998年11月5日	本科	汉语言文学
006	王坤	男	1999年1月3日	专科	国际贸易
007	林一波	男	1998年9月16日	本科	国际贸易
008	刘孟	男	1993年5月3日	研究生	汉语言文学
009	唐维维	女	1992年3月29日	研究生	计算机科学与技术
010	张昕宇	男	1998年2月7日	本科	国际贸易
011	张一伟	男	1991年7月28日	研究生	计算机科学与技术
012	彭小跃	男	1999年10月26日	本科	国际贸易
013	田裕	男	1999年3月30日	本科	汉语言文学
014	李一桐	男	1998年12月18日	专科	计算机科学与技术
015	张永强	男	2000年12月22日	专科	汉语言文学
016	聂磊磊	男	1998年11月15日	本科	计算机科学与技术
017	王成	男	1998年10月1日	本科	汉语言文学
018	贾丽丽	女	1999年8月26日	本科	国际贸易

图 4-8　插入行并输入"员工档案表"

项,即可在所选第 A 列的左侧插入一整列空白数据列。

9. 调整行高和列宽

方法一：选中 A1:G20 单元格区域后,在【开始】选项卡下的【单元格】功能组中点击【格式】按钮。在弹出的【单元格大小】下拉列表(如图 4-9 所示)中,选择【行高】并输入所需的行高值"20",如图 4-10 所示。另外,选择【列宽】下的【自动调整列宽】选项,则列宽会自动调整为最合适的大小,效果如图 4-11 所示。

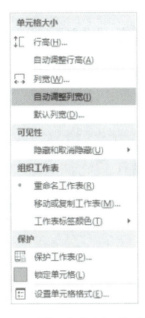

图 4-9 【单元格大小】下拉列表

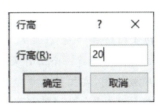

图 4-10 设置行高

图 4-11 设置行高和列宽

方法二:通过拖动鼠标的方式来调整行高和列宽。将鼠标指针指向行号之间的分界线(如行号"1"和行号"2"之间),当鼠标指针变为黑色的上下箭头时按住鼠标左键并向下拖动即可增加行高。同样地,将鼠标指针指向两个列标之间的分界线并左右拖动即可调整列宽。

【随堂练习一】制作"物资捐赠统计表"

(1) 根据操作要求,制作一张名为"物资捐赠统计表"的表格,具体效果如图 4-12 所示。

捐赠物资统计	内蒙古	上海	北京	海南	吉林
口罩	10768	24696	27070	13765	78959
防护服	21589	6837	36734	27685	86985
护目镜	6539	8956	2657	5419	9215
消毒液/吨	31	69	89	56	116
一次性手套/副	4893	9687	7869	7648	8659

图 4-12 "物资捐赠统计表"效果图

(2) 具体操作要求如下。

①新建一个工作簿,并将其命名为"编号后两位＋姓名＋物资捐赠统计表"的格式,例如"01 张三物资捐赠统计表"。

②在工作簿中新建一个工作表,并将默认的工作表名"Sheet1"更改为"物资捐赠统计表"。

③参照效果图,在工作表中输入相应的数据信息。

④调整行高为"自动调整行高",并将所有列宽设置为"12"。

【随堂练习二】制作"志愿者情况登记表"

(1) 请根据操作要求,制作一份名为"志愿者情况登记表"的表格,具体效果如图 4-13 所示。

志愿者情况登记表					
姓名	性别	籍贯	民族	出生年月	联系电话
周倩	女	内蒙古	蒙古族	1999年1月3日	18911110000
王昭	男	内蒙古	汉族	1999年12月7日	13422221111
曾丽	女	内蒙古	汉族	1998年9月19日	15633332222
沈浩	男	内蒙古	蒙古族	1998年12月3日	18055556666
刘曦	男	内蒙古	汉族	1998年11月5日	13799998888
王坤	男	内蒙古	蒙古族	1999年1月3日	13655551111
林一波	男	内蒙古	汉族	1998年9月16日	17899997777
刘孟	男	内蒙古	蒙古族	1993年5月3日	14733332222
唐维维	女	内蒙古	汉族	1992年3月29日	19866665555
李岩	男	内蒙古	汉族	1998年2月7日	13566668888
张佳凯	男	内蒙古	汉族	1991年7月28日	18577771111
王蕾	男	内蒙古	蒙古族	1999年10月26日	15177772222
刘宇	男	内蒙古	汉族	1999年3月30日	13666661111
李通	男	内蒙古	汉族	1998年12月18日	17811117777
张永	男	内蒙古	汉族	2000年12月22日	14788882222
李磊	男	内蒙古	蒙古族	1998年11月15日	19866668899
王笑笑	男	内蒙古	汉族	1998年10月1日	13533448888
贾丽兰	女	内蒙古	汉族	1999年8月26日	18577556611

图 4-13 "志愿者情况登记表"效果图

(2) 具体操作要求如下。

①新建一个工作簿,并将其命名为"编号后两位＋姓名＋志愿者情况登记表"的格式,例如"01 张三志愿者情况登记表"。

②在该工作簿中新建一个工作表,并将默认的工作表名称"Sheet1"更改为"志愿者情况登记表"。

③参考效果图,在工作表中准确输入所需的数据信息。

④调整行高至"15",并将所有列宽设置为"16"。

项目 4.2 电子表格的美化

【效果展示】

图 4-14 所示为"课程表"美化后的效果图。

课程表						
星期 / 时间	星期一	星期二	星期三	星期四	星期五	星期六
8:10 AM	人工智能		人工智能			CAD
10:15 AM	英语	操作系统		体育	网络应用	操作系统
2:40 PM		高级语言	人工智能	新中国史	网络操作系统	高级语言
4:40 PM	人工智能		国防教育	英语		劳动教育

图 4-14 "课程表"美化后的效果图

【项目要求】

1. 新建一个工作簿,并将其命名为"编号后两位+姓名+课程表"的格式,例如"01 张三课程表"。

2. 将工作表的标签重命名为"课程表",并设置其颜色为"绿色"。

3. 根据效果图,准确录入"课程表"的相关数据信息。

4. 将 A3 至 A6 单元格的格式设置为"时间"类型,并具体显示为"1:30 PM"格式。

5. 合并 A1 至 G1 的单元格区域,形成一个大的标题单元格。

6. 将所有单元格的数据对齐方式设置为"居中对齐"。

7. 将表标题的字体设置为"宋体,20 号,加粗";列标题的字体设置为"黑体,12 号";其他数据清单的字体设置为"楷体,11 号"。

8. 设置首行的行高为"25",其他行的行高为"35",并统一将列宽设置为"12"。

9. 为工作表设置边框颜色,其中内边框使用"红色细虚线",外边框使用"紫色粗实线"。

10. 为列标题设置"橙色"底纹,并添加"12.5%灰色"的图案样式。

11. 设置条件格式,"人工智能"为"浅绿色"填充,"操作系统"为"浅蓝色"填充。

【知识准备】

4.2.1 设置工作表标签颜色

当工作簿中包含过多的工作表时,为了更好地区分它们,我们可以设置并更改工作表标签的颜色。

具体操作为:用鼠标右键点击想要设置颜色的工作表标签,在弹出的快捷菜单中选择【工作表标签颜色】命令,接着从提供的颜色选项中选择需要的颜色即可完成设置。

4.2.2 合并与拆分单元格

1. 合并单元格

在编辑表格时,为了美化表格结构并使其层次更加清晰,有时需要将一些单元格区域进行合并。具体操作是:使用鼠标左键拖动选择需要合并的多个单元格,然后在【开始】选项卡【对齐方式】功能组中点击【合并后居中】按钮 。此外,点击该按钮右侧的下拉按钮,可以在下拉列表中选择其他合并选项,包括"合并后居中"(默认)、"跨越合并"(按列合并)、"合并单元格"(仅合并,不居中)以及"取消单元格合并"。

2. 拆分单元格

拆分单元格的过程与合并单元格相反。若已合并的单元格需要拆分,可以选择该单元格区域,并再次点击【合并后居中】按钮 即可。另外,还可以通过右击需要拆分的单元格,在弹出的快捷菜单中选择【设置单元格格式】,然后在【对齐】选项卡取消勾选【合并单元格】复选框来完成拆分操作。

4.2.3 设置单元格格式

设置单元格格式涵盖数字格式、对齐方式、字体样式、边框样式、填充颜色以及保护设置。

1. 设置单元格数字格式

单元格数据可根据需求设置为常规、数值、货币、会计专用、日期、时间、百分比、分数、科学记数、文本、特殊或自定义格式。

方法一:选中目标单元格或区域,右键点击并选择【设置单元格格式】,在【数字】选项卡中选择所需格式。

方法二:选中目标单元格或区域,在【开始】选项卡【数字】功能组中选择对应格式,或点击右侧箭头打开更多选项,在【设置单元格格式】对话框的【数字】选项卡中选择。

2. 设置单元格对齐方式

对齐方式设置包括文本对齐、自动换行(可使用快捷键<Alt+Enter>)以及单元格合并与文本方向设置。

方法一:选中目标单元格或区域,右键点击并选择【设置单元格格式】,在【对齐】选项卡中进行设置。

方法二:选中目标单元格或区域,在【开始】选项卡【对齐】功能组中选择对应按钮进行设置。

3. 设置单元格字体样式

字体样式设置包括字体类型、字形、字号、文本颜色、下划线以及特殊效果等设置,如图4-15所示。

4. 设置单元格边框样式

方法一:选中目标单元格或区域,右键点击并选择【设置单元格格式】,在【边框】选项卡

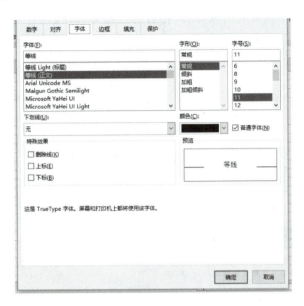

图 4-15 【设置单元格格式】对话框【字体】选项卡

中设置边框。

方法二:选中目标单元格或区域,在【开始】选项卡【字体】功能组中点击【边框】右侧的下拉按钮,在【边框】选项卡(见图 4-16)选择所需边框类型,或手动绘制,也可选择【其他边框】进行更详细的设置。

图 4-16 【设置单元格格式】对话框【边框】选项卡

5. 设置单元格填充颜色

方法一:选中目标单元格或区域,在【开始】选项卡【字体】功能组中选择【填充颜色】下拉按钮,设置填充颜色,如图 4-17 所示。

方法二：选中目标单元格或区域，用鼠标右键点击并选择【设置单元格格式】，在【填充】选项卡中设置填充样式，如图4-18所示。

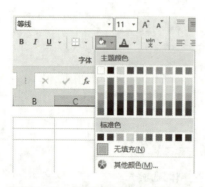

图4-17 单元格填充颜色下拉框

图4-18 【设置单元格格式】对话框【填充】选项卡

6．设置单元格保护

保护设置包括【锁定】和【隐藏】，但需注意，锁定单元格或隐藏公式需在保护工作表后才生效。

4.2.4 数据录入的简化方式

1．输入相同数据

当需要在不同单元格中输入相同的内容时，可以先选中所有需要输入该内容的单元格，然后在【编辑栏】中输入内容，最后通过按下＜Ctrl＋Enter＞快捷键来确认输入，这样所有选中的单元格都会被填充相同的内容。

2．填充数据

如果需要在相邻的单元格中输入按照某种规律变化的数据序列，可以使用Excel的自动填充功能。这一功能能够快速地将一系列有规律且连续的数据填充到表格中连续的单元格内，从而大大减少用户录入数据的工作量。

具体操作方法是：首先选中包含连续数据序列的第一个单元格，然后点击该单元格的填充柄（即单元格右下角的小方块），当鼠标指针变成黑色十字形时，按住鼠标左键并拖动填充柄至连续数据的最后一个单元格。这样，选中区域的数据就会按照一定的规律填充到这些单元格中。

3．自定义序列

除了Excel自带的预定义序列外，用户还可以根据自己的需要自定义序列。例如，可以将"一年级、二年级、三年级……"等做成一个自定义序列。

具体操作步骤是：首先选择【文件】选项卡中的【选项】，在弹出的【Excel选项】对话框中选择【高级】选项界面，然后在【常规】组中找到并点击【编辑自定义列表】，如图 4-19 所示。在弹出的【自定义序列】对话框中的【输入序列】输入框中，按照"一年级，二年级，三年级"的格式输入序列（按<Enter>键换行以分隔不同的序列），输入完成后点击【添加】按钮，如图 4-20 所示。此时，新定义的序列就会加入左侧的【自定义序列】列表中。最后，单击【确定】按钮保存设置。之后，就可以通过拖动填充柄来填充这个新的自定义序列了。

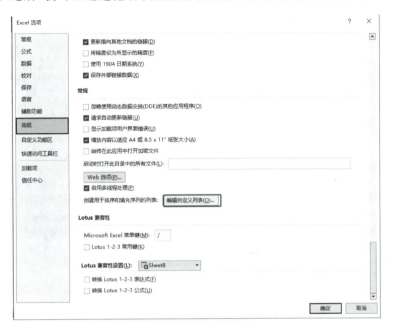

图 4-19　【Excel 选项】对话框

图 4-20　【自定义序列】对话框设置

4.2.5 应用单元格样式

应用单元格样式可以快速地使所选的单元格区域应用所需的样式。首先,选中需要设置的单元格或单元格区域,然后点击【开始】选项卡,在【样式】功能组中找到并点击【单元格样式】按钮。在弹出的下拉列表中,根据需要选择相应的样式即可,如图 4-21 所示。

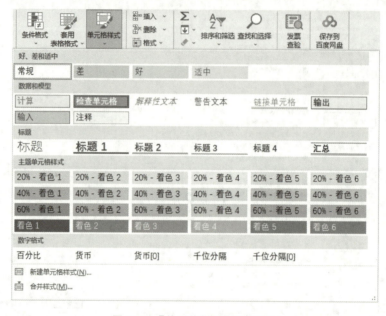

图 4-21 【单元格样式】下拉列表

4.2.6 自动套用表格格式

自动套用表格格式功能可以快速地将 Excel 提供的表格样式整体应用到所选的单元格区域内,从而实现快速设置表格格式的目的。首先,选择需要设置的单元格区域,然后在【开始】选项卡的【样式】功能组中点击【套用表格格式】按钮。在弹出的下拉列表中,选择其中一种表格样式选项,如图 4-22 所示。由于已经选择了套用范围,因此只需在随后打开的【套用表格格式】对话框中点击【确定】按钮即可完成应用。套用表格格式后,Excel 会自动激活【表格工具】下的【设计】选项卡,用户可以在其中重新设置表格样式和表格样式选项。此外,在【设计】选项卡的【工具】功能组中,点击【转换为区域】按钮可以将套用表格格式的区域转换回普通的单元格区域。

4.2.7 设置条件格式

条件格式功能允许用户根据设定的条件来决定含有数值或其他内容的单元格的显示格式。Excel 2016 提供了多种条件格式规则,包括"突出显示单元格规则""项目选取规则""数据条""色阶"和"图标集"等。

例如,要为"学生成绩表"(见图 4-23)中的思想品德成绩设置条件格式,使得 90 分以上的单元格以绿色填充并深绿色文本突出显示,可以按照以下步骤操作。

首先,选中 F3:F8 单元格区域。然后,在【开始】选项卡的【样式】功能组中,点击【条件格式】按钮。在下拉列表中,选择【突出显示单元格规则】,接着选择【大于】选项。在弹出的【大

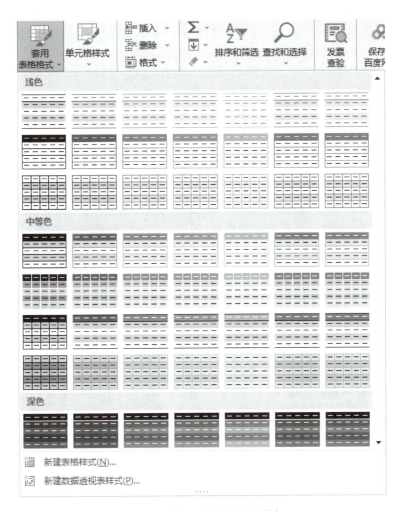

图 4-22　【套用表格格式】下拉框

于】对话框中，在【为大于以下值的单元格设置格式】文本框中输入【90】。在【设置为】选项中，选择【绿色填充深绿色文本】。最后，点击【确定】按钮完成设置。

	A	B	C	D	E	F	G	H	I
1	学生成绩表								
2	学号	姓名	高等数学	计算机	大学英语	思想品德	体育	总分	平均分
3	2021001	吴磊	79	61	76	90	80	386	77
4	2021002	孟洁伦	95	63	63	96	61	378	76
5	2021003	张泽一	76	68	78	88	41	351	70
6	2021004	王源	73	98	90	99	100	460	92
7	2021005	钟姗姗	89	76	97	88	79	429	86
8	2021006	赵小琴	89	68	76	90	87	410	82

图 4-23　设置条件格式示例

4.2.8　插入和编辑批注

根据需求，可以为单元格内的内容添加批注信息。首先，选中要插入批注的单元格，然后鼠标右键点击该单元格，在弹出的快捷菜单中选择【插入批注】命令。此时，会弹出一个批注文本框,可以在其中输入批注内容。输入完毕后,单击其他任意单元格即可完成批注的插入。插入批注后的单元格右上角会显示一个红色小三角,这是插入批注的单元格标识,如图4-24所示。

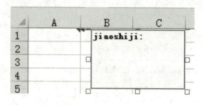

图 4-24　插入批注

若需要修改批注,鼠标右键点击需要更改批注的单元格,在弹出的快捷菜单中选择【编辑批注】命令。此时,批注文本框会再次出现,可以在其中编辑批注内容。

若需要删除批注,鼠标右键点击需要删除批注的单元格,在弹出的快捷菜单中选择【删除批注】命令。这样,所选单元格内的批注就会被删除,同时红色小三角也会消失,表示此单元格已无批注。

【项目实践】制作课程表

1. 更改工作表标签颜色

鼠标右击"Sheet1"工作表名称,在弹出的快捷菜单中选择【工作表标签颜色】选项,接着在级联菜单中选择【绿色】,如图 4-25 所示。此时,"Sheet1"工作表标签颜色即被成功设置为绿色。

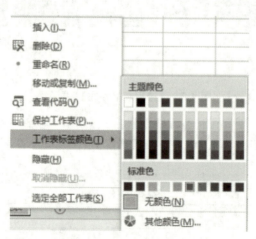

图 4-25　设置工作表标签颜色

2. 录入数据信息

(1) 在 B2 单元格中输入"星期一",然后单击 B2 单元格,将鼠标移动到 B2 单元格右下角的填充柄位置。当光标变成黑色十字形状时,按住鼠标左键不放,拖动到 G2 单元格。利用填充柄的自动填充功能,所有星期将被填充完整,效果如图 4-26 所示。

(2) 选中 B3 单元格后,按住<Ctrl>键不放,再选择 D3、D5、B6 单元格。在编辑栏中输入"人工智能",然后按<Ctrl+Enter>组合键,即录入相同数据。其他相同课程名称的单元

	A	B	C	D	E	F	G
1							
2		星期一	星期二	星期三	星期四	星期五	星期六

图 4-26　自动填充星期

格内容输入方法相同。

（3）用鼠标右击 A2 单元格，选择【设置单元格格式】。在弹出的【设置单元格格式】对话框中，选择【边框】选项卡。线条样式选择【实线】，颜色选择【黑色】，边框选择【斜线】，如图 4-27 所示。点击【确定】按钮后，A2 单元格内即绘制完成斜线表头。再将 A2 单元格内容输入为"星期 时间"即可。

图 4-27　绘制斜线表头

3．设置单元格格式

选中 A3:A6 单元格区域，用鼠标右击并选择【设置单元格格式】命令。在弹出的【设置单元格格式】对话框中，选择【数字】选项卡，在【分类】列表中选择【时间】，并在右侧的【类型】框中选择"1:30 PM"类型，如图 4-28 所示。点击【确定】按钮后，在 A3:A6 单元格区域内按照 24 小时制输入时间，即可按照上午 AM、下午 PM 的形式显示时间。

4．合并单元格

选中 A1:G1 单元格，然后在【开始】选项卡【对齐方式】功能组中选择【合并后居中】，并输入表标题"课程表"。

5．设置文字格式

在【开始】选项卡【字体】功能组中，有三个图标 B I U，分别代表文字加粗、文字倾斜、给文字添加下划线。

（1）单击 A1 单元格，在【字体】功能组中，点击字体右边的下拉列表，将标题"课程表"的

图 4-28 设置时间显示格式

字体设置为"宋体"。在字号设置框中,点击下拉列表,将字号设置为"20 磅",再单击【加粗】按钮 B(或按<Ctrl+B>组合键),即可将 A1 单元格中的字体内容加粗显示。

(2) 选中 A2:G2 单元格区域,在【字体】功能组中,将列标题的字体设置为"黑体",字号设置为"12 磅"。

(3) 选中 A3:G6 单元格区域,在【字体】功能组中,设置字体为"楷体",字号为"11 磅"。

(4) 将整个工作表的内容设置为居中对齐。点击工作表左上角的全选按钮 ,选中整个工作表。在【对齐方式】功能组中,选择【居中】按钮 和【垂直居中】按钮 ,即可将选中区域内容设置为水平居中对齐。

6. 设置行高和列宽

将首行行高设置为"25",其他行行高设置为"35",列宽统一设置为"12"。

首先,选择第一行,在【开始】选项卡【单元格】功能组中,点击【格式】按钮,选择【行高】。在弹出的【行高】对话框中,设置首行行高为"25",然后点击【确定】按钮。

其次,选中第二行到第六行,使用同样的方法将行高设置为"35",并点击【确定】按钮。

最后,选择整个工作表,在【开始】选项卡【单元格】功能组中,点击【格式】按钮,选择【列宽】。在弹出的【列宽】对话框中,设置所有列的列宽为"12",然后点击【确定】按钮。

7. 设置边框

首先,选中 A1:G6 单元格区域,在【开始】选项卡【字体】功能组中,点击【边框】右侧的下拉按钮,选择【其他边框】。在弹出的【设置单元格格式】对话框中,选择【边框】选项卡。在【线条】选项组中,选择【粗实线】 ,并在【颜色】下拉列表中选择【紫色】。然后,在【预置】选项组中选择【外边框】,此时边框预览将显示外边框为紫色粗实线。点击【确定】按钮,即可完成表格外边框的设置。

使用同样的方法,在【线条】选项组中选择【细虚线】.................,在【颜色】下拉列表中选择【红色】,并在【预置】选项组中选择【内边框】。此时边框预览将显示内边框为红色细虚线。点击【确定】按钮,即可完成表格内边框的设置,效果如图4-29所示。

图 4-29　设置"课程表"边框效果图

微课:设置课程表的边框

8．设置底纹

选中 A2:G2 单元格区域,在【开始】选项卡【单元格】功能组中,点击【格式】按钮,选择【设置单元格格式】。在弹出的【设置单元格格式】对话框中,选择【填充】选项卡。在【背景色】中选择【橙色】,在【图案颜色】下拉列表框中选择【白色】,在【图案样式】下拉列表框中选择【12.5％灰色】,效果如图4-30所示。

图 4-30　设置单元格底纹效果图

微课:设置课程表单元格底纹

9．设置条件格式

选中 A3:G6 单元格区域,在【开始】选项卡【样式】功能组中,点击【条件格式】,并在下拉列表中选择【突出显示单元格规则】下的【等于】。在弹出的【等于】对话框中,左侧的值输入为【人工智能】,右侧的样式选择【自定义样式】。在弹出的【设置单元格格式】对话框中,选择【填充】选项卡,并设置颜色为【浅绿色】。点击【确定】按钮后,所有等于【人工智能】的单元格底纹颜色将全部填充为【浅绿色】,如图4-31所示。

使用同样的方法,将等于【操作系统】的单元格设置为浅蓝色填充,如图4-32所示。

时间 \ 星期	星期一	星期二	星期三	星期四	星期五	星期六
			课程表			
8:10 AM	人工智能		人工智能			CAD
10:15 AM	英语	操作系统		体育	网络应用	操作系统
2:40 PM		高级语言	人工智能	新中国史	网络操作系统	高级语言
4:40 PM	人工智能			国防教育	英语	劳动教育

图 4-31 人工智能条件格式效果图

时间 \ 星期	星期一	星期二	星期三	星期四	星期五	星期六
			课程表			
8:10 AM	人工智能		人工智能			CAD
10:15 AM	英语	操作系统		体育	网络应用	操作系统
2:40 PM		高级语言	人工智能	新中国史	网络操作系统	高级语言
4:40 PM	人工智能			国防教育	英语	劳动教育

图 4-32 条件格式效果图

【随堂练习三】制作"宠物商店上半年销售清单"

(1) 制作"宠物商店上半年销售清单",效果如图 4-33 所示。

货品编号	货品名称	一月	二月	三月	四月	五月	六月	销售总额
			宠物商店上半年销售清单					
cw01	宠物罐头	61	48	70	22	7	53	261
cw02	宠物维生素	94	64	33	62	81	28	362
cw03	宠物沐浴香波	58	26	70	78	99	82	413
cw04	梳毛刷	89	47	93	72	67	81	449
cw05	磨牙棒	41	53	6	12	79	18	209

图 4-33 "宠物商店上半年销售清单"效果图

(2) 操作要求如下。

①新建一个名为"宠物商店上半年销售清单"的工作簿,并将该工作簿保存为"学号后两位+姓名+宠物商店上半年销售清单"的格式,例如"01张三宠物商店上半年销售清单"。

②将工作表标签重命名为"宠物商店上半年销售清单",并将工作表标签的颜色设置为紫色。

③根据效果图,录入"宠物商店上半年销售清单"的相关数据信息。

④合并 A1~I1 单元格。

⑤设置表标题的字体为华文琥珀、字号20磅;列标题的字体为黑体、字号12磅;其他单元格内容的字体为华文楷体、字号12磅。

⑥调整工作表的行高为"自动调整行高",列宽设置为"11"。
⑦将所有单元格的内容设置为居中对齐。
⑧设置表格的外边框为紫色粗实线,内边框为浅绿色细实线。
⑨为列标题应用单元格样式"浅绿,20%-着色6"。
⑩使用条件格式功能,突出显示上半年销售数量在50～60之间的销售产品,并将其显示样式设置为黄色填充、红色字体。

【随堂练习四】制作"一月店铺销售清单"

(1)制作"一月店铺销售清单",效果如图4-34所示。

一月店铺销售清单					
货品名称	原始数量	销售数量	进货价格	出货价格	盈利金额
智慧屏55英寸电视	60	22	1400	1999	22762
笔记本电脑14英寸	55	31	4000	4699	16776
智能手表	16	5	2100	2888	8668
5G智能手机	156	118	3000	3399	15162
平板电脑	37	16	2200	2799	12579
蓝牙耳机	49	23	800	999	5174
路由器	85	26	100	199	5841
激光打印机	30	12	1280	1799	9342
手写笔	66	19	360	699	15933
智能音箱	8	6	1500	1999	998

图4-34 "一月店铺销售清单"效果图

(2)操作要求如下。
①新建一个名为"一月店铺销售清单"的工作簿,并将该工作簿重命名为"学号后两位＋姓名＋一月店铺销售清单"的格式,例如"01张三一月店铺销售清单"。
②将工作表标签的名称更改为"一月店铺销售清单",并将标签的颜色设置为蓝色。
③根据提供的效果图,在"一月店铺销售清单"工作表中录入相应的数据信息。
④合并A1~F1单元格,以便为表标题留出空间。
⑤设置表标题的字体为华文隶书、字号18磅、加粗;列标题的字体为黑体、字号12磅;其他单元格内容的字体为楷体、字号12磅。
⑥设置工作表的行高为"自动调整行高",列宽设置为"自动调整列宽",以确保内容能够完整显示。
⑦设置表格的外边框为红色双实线,内边框为橙色细虚线,以增强表格的可读性和美观性。
⑧使用条件格式功能,将销售数量大于100的单元格突出显示为浅红色填充和深红色文本,以便快速识别出销售数量较高的产品。

项目4.3 电子表格的计算

【效果展示】

制作"员工考评表",如图4-35所示。

【项目要求】

1.打开素材文件"员工考评表",并将其重命名为"学号后两位＋姓名＋员工考评表"的

2021年度员工考评汇总表

工号	姓名	销售业绩	专业能力	表达能力	应急能力	总分	平均分	是否合格
A12601	吴磊	99	33	60	81	273	68	合格
A12602	孟浩伦	81	78	100	92	351	88	合格
A12603	张泽一	25	90	28	49	192	48	不合格
A12604	王源	85	55	88	57	284	71	合格
A12605	钟珊珊	44	20	30	25	119	30	不合格
A12606	赵小琴	41	57	25	74	196	49	不合格
A12607	林一	82	75	54	78	289	72	合格
A12608	李艺彤	21	54	94	59	228	57	不合格
A12609	周晓茹	18	62	41	87	209	52	不合格
A12610	王春兰	70	40	84	37	231	58	不合格
A12611	黄时	93	80	50	70	294	73	合格
A12612	刘昂	27	99	59	100	285	71	合格
A12613	李林林	92	33	89	32	246	61	合格
A12614	李晓天	46	57	83	92	278	70	合格
A12615	叶家悦	32	25	44	14	115	29	不合格
A12616	王石	78	41	53	88	259	65	合格
A12617	王一凡	84	76	96	21	277	69	合格
A12618	谢菲	25	20	22	61	128	32	不合格

图 4-35　员工考评表

格式,例如"01 张三员工考评表"。

2. 将当前工作表的标签名称更改为"员工考评表",并设置其颜色为蓝色。

3. 根据提供的效果图,在"员工考评表"中录入相应的数据信息。

4. 合并 A1~I1 单元格,以便为表标题留出足够的空间。

5. 将所有单元格的数据对齐方式设置为居中对齐,以确保内容显示整齐。

6. 将表标题的字体设置为宋体、字号 18 磅;列标题的字体设置为黑体、字号 16 磅、加粗;其他单元格内容的字体设置为宋体、字号 11 磅。

7. 设置首行的行高为"22",第二行的行高为"20",其他行的行高为"15"。同时,将列宽设置为"15",以适应内容显示。

8. 为表格设置外边框为蓝色双实线,内边框为浅蓝色细虚线,以增强表格的可读性和美观性。

9. 使用编辑公式的方法计算出每位员工的总分。

10. 通过插入函数的方法,计算出每位员工的平均分并判断是否合格(例如,通过设定一个阈值来判断)。

【知识准备】

4.3.1　运算符、公式和语法

1. 运算符

运算符是公式中的关键元素,用于连接并计算公式中的各个部分。它们主要用于将数字连接起来,并得出相应的计算结果。运算符主要分为五种:算术运算符(如加、减、乘、除)、比较运算符(用于判断逻辑值,如 FALSE 与 TRUE)、文本运算符(如 &,用于连接文本字符串)、引用运算符(如冒号和空格,用于指定单元格或区域)以及括号运算符(如(),用于改变运算顺序)。这些运算符的优先级从高到低依次为:负号(一)、百分比(%)、幂(^)、乘法和除法(* 和 /)、加法和减法(+和-)、文本连接符(&)、比较运算符(=,<,>,<=,>=,<>)。请注意,括号运算符必须成对出现,以正确改变运算的顺序。Excel 中主要的运算符如

表 4-2 所示。

表 4-2 Excel 中主要的运算符

种类	运算符	含义	演示
算术运算符	＋	加法	1＋2＝3
	－	减法	5－3＝2
	＊	乘法	4＊2＝8
	／	除法	9／3＝3
	％	百分比	6％＝0.06
	^	幂(乘方)	8^2＝64
比较运算符	＝	等于	5＝1(FALSE)
	＜＞	不等于	1＜＞2(TRUE)
	＞	大于	3＞3(FALSE)
	＞＝	大于或等于	3＞＝3(TRUE)
	＜	小于	7＜8(TRUE)
	＜＝	小于或等于	8＜＝7(FALSE)
文本运算符	＆	连接字符串	"ABC"&"def"
引用运算符	：	区域引用	A1:B2

2. 公式

Excel 公式是用于对数据进行处理的计算式,它相当于数学中的表达式。在 Excel 的单元格中,可以输入两种类型的内容:常量和公式。它们之间的主要区别在于,公式是以等号"＝"作为开头的。

输入公式的方法很简单——在编辑栏中直接输入公式。在编辑公式的过程中,通过使用鼠标点击目标单元格,可以快速输入该单元格的引用名称。如果需要取消当前的选择,可以按下键盘上的＜Esc＞键。

4.3.2 单元格引用及其分类

1. 单元格引用

在 Excel 中,通过单元格的地址来引用特定的单元格。单元格地址是由单元格的行号和列标组合而成的。例如,在公式"＝1＋2＋3＋4"中,如果数字"1"位于 A1 单元格,数字"2"位于 B1 单元格,数字"3"位于 C1 单元格,数字"4"位于 D1 单元格,那么就可以通过引用这些单元格的地址,将公式改写为"＝A1＋B1＋C1＋D1"。这样,Excel 会自动计算并得出与原始公式相同的结果。

2. 单元格引用分类

在计算数据表中的数据时,为了提高效率,通常会通过复制或移动公式来实现快速计算。在这个过程中,会涉及不同的单元格引用方式,包括相对引用、绝对引用和混合引用。

1) 相对引用

相对引用是 Excel 中默认的单元格引用方式。在输入公式时,直接使用单元格的地址进行引用。相对引用的形式为"C6""F5"等。当公式被复制到其他单元格时,引用的单元格地址会相应发生变化。

2) 绝对引用

绝对引用指的是所引用的单元格与被引用的单元格之间的位置关系是固定的。无论引用单元格的公式被移动到哪个位置,所引用的单元格都不会发生改变。绝对引用的形式为"＄A＄1""＄B＄2"等。在单元格地址前加上美元符号"＄",即可将行号或列标固定。

3) 混合引用

采用混合引用时,在公式复制或移动过程中,只有部分单元格地址(行号或列标)会发生变化,而另一部分则保持不变。混合引用的形式为"A＄1"(列标相对,行号绝对)或"＄B1"(列标绝对,行号相对)。这种方式在需要固定某一行或某一列时非常有用。

4.3.3 使用公式计算数据

1. 输入公式

选择要计算结果的单元格,在单元格内或【编辑栏】中先输入"＝",随后紧跟公式内容。在单元格中输入公式后,若按下＜Enter＞键,会计算出公式结果,并且光标会自动移至同列的下一个单元格;若按＜Tab＞键,则会计算出公式结果并选择同行的下一个单元格;若按＜Ctrl＋Enter＞组合键,则在计算出公式结果后,当前单元格仍保持选中状态。

2. 编辑公式

编辑公式的方法与编辑数据相同。选择含有公式的单元格,将插入点定位在【编辑栏】或单元格中需要修改的位置,按＜Backspace＞键删除多余或错误的内容,然后输入正确的内容。编辑完成后,按＜Enter＞键即可完成对公式的编辑,Excel 会自动基于新公式进行计算并显示新的结果。

3. 复制公式

由于 Excel 在复制公式时会自动调整单元格的引用地址,因此在 Excel 中复制公式是快速计算数据的方法之一,能显著提高工作效率。通常,可以使用鼠标右键的快捷菜单进行复制粘贴;也可以使用拖动填充柄的快速填充方法进行复制;此外,还可以通过快捷键＜Ctrl＋C＞和＜Ctrl＋V＞进行复制粘贴。具体操作是:首先选择已添加公式的单元格,按＜Ctrl＋C＞进行复制,然后将插入点定位到要粘贴的单元格,按＜Ctrl＋V＞进行粘贴,即可完成公式的复制。表 4-3 所示为 Excel 中的常见函数。

表 4-3 Excel 中的常见函数

名称	含义	使用方法	范例	解释
AVERAGE	计算平均值	＝AVERAGE(计算区域)	＝AVERAGE(A1:A7)	计算 A1 单元格到 A7 单元格之间数据的平均值

续表

名称	含义	使用方法	范例	解释
AVERAGEIF	计算区域内的满足给定条件的单元格平均值	=AVERAGEIF(计算区域,"指定条件")	=AVERAGEIF(A1:A6,">60")	计算A1单元格到A6单元格区域内符合大于60的单元格的平均值
COUNT	对给定数据集合或者单元格区域中数据的个数进行计数	=COUNT(value1,value2,…)	=COUNT(A1,A3)	计算A1和A3两个单元格中有几个数字（不包括A2单元格）
COUNTA	统计非空单元格个数	=COUNTA(计算区域)	=COUNTA(A1:B3)	统计A1单元格到B3单元格区域内的非空单元格个数
COUNTIF	条件计数	=COUNTIF(条件区域,指定条件)	=COUNTIF(A1:A6,B1)	计算A1单元格到A6单元格区域内符合B1单元格数据的单元格个数
COUNTIFS	多条件计数	=COUNTIFS(条件区域1,指定条件1,条件区域2,指定条件2)	=COUNTIFS(A1:A6,B1,C1:C6,D1)	计算既要符合A1单元格到A6单元格区域内符合B1单元格数据，又要符合C1单元格到C6单元格区域内符合D1单元格数据两个条件的单元格个数
IF	条件判断	=IF(判断条件,符合条件的结果,不符合条件的结果)	=IF(A2>=60,"合格","不合格")	如果A2单元格的数据大于或等于60，则为合格，否则为不合格
SUM	求和	=SUM(条件区域)	=SUM(A1:A3)	计算A1单元格到A3单元格内所有数据之和
SUMIF	条件求和	=SUMIF(条件区域,求和条件,求和区域)	=SUMIF(A2:A5,B2,C2:C5)	如果A2单元格到A5单元格内的数据等于B2单元格的数据，那么计算C2单元格到C5单元格区域内符合条件的单元格数据之和

续表

名称	含义	使用方法	范例	解释
MAX	条件区域内的最大值	=MAX(条件区域)	=MAX(A1:C3)	计算 A1 单元格到 C3 单元格区域内的最大值
MIN	条件区域内的最小值	=MIN(条件区域)	=MIN(A1:C3)	计算 A1 单元格到 C3 单元格区域内的最小值

【项目实践】制作"员工考评表"

1. 打开 Excel 工作表

（1）在 Excel 2016 的工作界面中选择【文件】选项卡中的【打开】命令。

（2）弹出【打开】对话框后，在【地址栏】下拉列表框中选择文件路径，在工作区选中"员工考评表素材.xlsx"工作簿，完成后单击【打开】按钮即可打开该工作簿。

2. 另存工作簿

选择【文件】选项卡中的【另存为】命令，选择保存路径。在弹出的【另存为】对话框中，按照"学号后两位＋姓名＋员工考评表"的形式输入文件名，例如"01张三员工考评表"，然后点击【保存】按钮。

3. 重命名工作表标签

用鼠标左键双击工作表标签"Sheet1"，当工作表标签名被选中后，输入"员工考评表"，即可完成重命名。

4. 设置工作表标签颜色

用鼠标右击"员工考评表"工作表名称，选择快捷菜单中的【工作表标签颜色】选项，在弹出的级联菜单中选择【蓝色】，此时工作表标签颜色即成功设置为蓝色。

5. 录入数据信息

用鼠标左键选择 A3 单元格，输入数据信息"A12601"。然后，将鼠标移动到 A3 单元格右下角的填充柄位置，当鼠标指针变成黑色的十字形状时，按住鼠标左键不放，一直拖动到 A20 单元格。利用自动填充功能，将所有工号填充完整。

6. 合并单元格

选中 A1:I1 单元格区域，然后选择【开始】选项卡【对齐方式】功能组中的【合并后居中】按钮。接着，输入表标题"员工考评表"。

7. 设置文字格式

（1）单击 A1 单元格，在【开始】选项卡【字体】功能组中，点击【字体】右边的对话框启动器按钮，将标题"员工考评表"的字体设置为"宋体"。接着，通过【字号】设置框将字号设置为"18磅"。

(2)选中 A2:I2 单元格区域,在【开始】选项卡【字体】功能组中,将列标题的字体设置为"黑体",字号设置为"16 磅"。然后,单击【加粗】按钮,或者通过快捷键<Ctrl+B>组合键,将所选单元格的字体内容加粗。

(3)选中 A3:I20 单元格区域,在【开始】选项卡【字体】功能组中,设置字体为"宋体",字号为"11 磅"。

(4)将整个工作表的内容设置为居中对齐。鼠标移动到工作表左上角,点击【全选】按钮,选中整个工作表。然后,在【开始】选项卡【对齐方式】功能组中,选择【居中】按钮,将所选中区域的内容设置为居中对齐。

8. 设置行高和列宽

用鼠标左键点击行标题"1"以选中第一行。在【开始】选项卡,选择【单元格】功能组中的【格式】按钮,然后选择【行高】选项。在弹出的【行高】对话框中输入"22",点击【确定】按钮。按照相同操作,将第二行的行高设置为"20",第 3 行到第 20 行的行高设置为"15"。

选中 A1:I20 单元格区域,在【开始】选项卡【单元格】功能组中选择【格式】按钮,然后点击【列宽】选项。在弹出的【列宽】对话框中输入"15",点击【确定】按钮,完成列宽的设置。

9. 设置表格边框

选中 A1:I20 单元格区域,选择【开始】选项卡。在【字体】功能组中,选择【边框】右侧的下拉按钮,然后选择【其他边框】。在弹出的【设置单元格格式】对话框中,选择【边框】选项卡。将表格的外边框设置为"蓝色,双实线",内边框设置为"浅蓝色,细虚线"(如图 4-36 所示)。点击【确定】按钮后,效果如图 4-37 所示。

图 4-36 设置表格边框

10. 计算总分

方法一:使用公式计算总分。

单击"总分"列中的第一个单元格 G3,在键盘上输入公式"=C3+D3+E3+F3"后,按<

2021年度员工考评汇总表

工号	姓名	销售业绩	专业能力	表达能力	应急能力	总分	平均分	是否合格
A12601	吴磊	99	33	60	81			
A12602	孟浩伦	81	78	100	92			
A12603	张泽一	25	90	28	49			
A12604	王源	85	55	88	57			
A12605	钟珊珊	44	20	30	25			
A12606	赵小琴	41	57	25	74			
A12607	林一	82	75	54	78			
A12608	李艺彤	21	54	94	59			
A12609	周晓茹	18	62	41	87			
A12610	王春兰	70	40	84	37			
A12611	黄时	93	80	50	70			
A12612	刘昂	27	99	59	100			
A12613	李林林	92	33	89	32			
A12614	李晓天	46	57	83	92			
A12615	叶家悦	32	25	44	14			
A12616	王石	78	41	53	88			
A12617	王一凡	84	76	96	21			
A12618	谢菲	25	20	22	61			

图 4-37　设置表格边框效果图

<Enter>键确定输入内容。

方法二:使用函数计算总分。

(1)选中"总分"列中的第一个单元格 G3,单击【公式】选项卡【函数库】功能组中的【自动求和】下拉按钮,在下拉列表框中选择【求和】选项。

(2)执行求和公式后,G3 单元格内会出现求和公式。此时,鼠标拖选需要求和的区域范围 C3 到 F3。在 G3 单元格的求和公式中会显示公式"=SUM(C3:F3)",按<Enter>键确定公式,即可计算出总分。

(3)通过 G3 单元格的填充柄向下拖动,自动复制公式到其他单元格,将其他员工的总分填充完成(如图 4-38 所示)。

2021年度员工考评汇总表

工号	姓名	销售业绩	专业能力	表达能力	应急能力	总分	平均分	是否合格
A12601	吴磊	99	33	60	81	273		
A12602	孟浩伦	81	78	100	92	351		
A12603	张泽一	25	90	28	49	192		
A12604	王源	85	55	88	57	284		
A12605	钟珊珊	44	20	30	25	119		
A12606	赵小琴	41	57	25	74	196		
A12607	林一	82	75	54	78	289		
A12608	李艺彤	21	54	94	59	228		
A12609	周晓茹	18	62	41	87	209		
A12610	王春兰	70	40	84	37	231		
A12611	黄时	93	80	50	70	294		
A12612	刘昂	27	99	59	100	285		
A12613	李林林	92	33	89	32	246		
A12614	李晓天	46	57	83	92	278		
A12615	叶家悦	32	25	44	14	115		
A12616	王石	78	41	53	88	259		
A12617	王一凡	84	76	96	21	277		
A12618	谢菲	25	20	22	61	128		

图 4-38　自动填充复制公式效果图

11. 计算平均分

方法一:可以使用与计算总分相同的方法,在【公式】选项卡【函数库】功能组中选择【自动求和】下拉列表框中的【平均值】选项。

方法二:选择【编辑栏】左边的【插入函数】图标 fx。在弹出的【插入函数】对话框中选择

【AVERAGE】(如图 4-39 所示),然后点击【确定】按钮。在弹出的【函数参数】对话框的 Number1 数据范围中,通过拖选需要计算平均值的区域范围 C3:F3。点击【确定】按钮后,即可计算出所有人的平均分(效果如图 4-40 所示)。

图 4-39　插入函数

2021年度员工考评汇总表								
工号	姓名	销售业绩	专业能力	表达能力	应急能力	总分	平均分	是否合格
A12601	吴磊	99	33	60	81	273	68	
A12602	孟洁伦	81	78	100	92	351	88	
A12603	张泽一	25	90	28	49	192	48	
A12604	王源	85	55	88	57	284	71	
A12605	钟姗珊	44	20	30	25	119	30	
A12606	赵小琴	41	57	25	74	196	49	
A12607	林一	82	75	54	78	289	72	
A12608	李艺彤	21	54	94	59	228	57	
A12609	周晓茹	18	62	41	87	209	52	
A12610	王春兰	70	40	84	37	231	58	
A12611	黄时	93	80	50	70	294	73	
A12612	刘昂	27	99	59	100	285	71	
A12613	李林林	92	33	89	32	246	61	
A12614	李晓天	46	57	83	92	278	70	
A12615	叶家悦	32	25	44	14	115	29	
A12616	王石	78	41	53	88	259	65	
A12617	王一凡	84	76	96	21	277	69	
A12618	谢菲	25	20	22	61	128	32	

图 4-40　计算平均分效果图

12. 判断是否合格

使用函数库中的 IF 函数,可以根据平均分是否大于 60 分来判断成绩是否合格。点击【插入函数】对话框中的【确定】按钮后,在弹出的【函数参数】对话框中设置 IF 函数所需要的三个参数(如图 4-41 所示)。第一行为判断条件(平均分是否大于 60 分),第二行为判断条件为真时的值(例如"合格"),第三行为判断条件为假时的值(例如"不合格")。输入后点击【确定】按钮,即可计算出所有人成绩是否合格(效果如图 4-42 所示)。

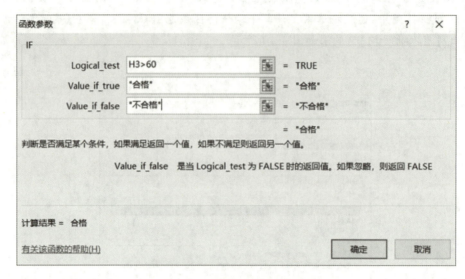

图 4-41 设置 IF 函数参数

2021年度员工考评汇总表

工号	姓名	销售业绩	专业能力	表达能力	应急能力	总分	平均分	是否合格
A12601	吴磊	99	33	60	81	273	68	合格
A12602	孟洁伦	81	78	100	92	351	88	合格
A12603	张泽一	25	90	28	49	192	48	不合格
A12604	王源	85	55	88	57	284	71	合格
A12605	钟珊珊	44	20	30	25	119	30	不合格
A12606	赵小琴	41	57	25	74	196	49	不合格
A12607	林一	82	75	54	78	289	72	合格
A12608	李艺彤	21	54	94	59	228	57	不合格
A12609	周晓茹	18	62	41	87	209	52	不合格
A12610	王春兰	70	40	84	37	231	58	不合格
A12611	黄时	93	80	50	70	294	73	合格
A12612	刘昂	27	99	59	100	285	71	合格
A12613	李林林	92	33	89	32	246	61	合格
A12614	李晓天	46	57	83	92	278	70	合格
A12615	叶家悦	32	25	44	14	115	29	不合格
A12616	王石	78	41	53	88	259	65	合格
A12617	王一凡	84	76	96	21	277	69	合格
A12618	谢苹	25	20	22	61	128	32	不合格

图 4-42 判断是否合格效果图

【随堂练习五】制作"学生成绩表"

(1) 制作"学生成绩表",并根据操作要求进行数据计算,效果如图 4-43 所示。

学生成绩表

学号	姓名	语文	数学	英语	总分	平均分
2021001	张泽一	79	61	76	216	72
2021002	林一	95	63	63	221	74
2021003	李婷婷	76	68	78	222	74
2021004	刘昂	73	98	90	261	87
2021005	王春兰	89	76	97	262	87
2021006	吴磊	89	68	76	233	78

图 4-43 "学生成绩表"效果图

(2)操作要求如下。

①新建一个名为"学生成绩表"的工作簿,并将该工作簿命名为"学号后两位＋姓名＋学生成绩表"的格式,例如"01张三学生成绩表"。

②将工作表标签重命名为"学生成绩表",并将该工作表标签的颜色设置为【红色】。

③参照效果图,录入"学生成绩表"所需的数据信息。

④合并A1至G1单元格区域。

⑤设置表标题的字体为"华文楷体,22磅,加粗并倾斜",列标题的字体为"黑体,16磅",其他数据清单内容的字体为"仿宋,14磅"。

⑥设置工作表的行高为"自动调整行高",列宽为"10"。

⑦设置表格样式,通过【单元格样式】选项,将工作表数据清单应用为【主题单元格样式】组中的【20%-着色6】。

⑧使用公式来计算总分。

⑨使用函数来计算平均分。

【随堂练习六】制作"员工工资表"

(1)制作"员工工资表"并计算数据,效果如图4-44所示。

员工工资表									
工号	姓名	性别	学历	工龄	基本工资	请假天数	扣除金额	全勤奖金	应发工资
HWT001	王雷	男	本科	5	4650	1	100	0	4550
HWT002	王珊珊	女	本科	2	4410	0	0	500	4910
HWT003	李艺彤	女	硕士	7	5210	0	0	500	5710
HWT004	孟洁伦	男	本科	3	4970	4	400	0	4570
HWT005	王濂易	男	博士	10	5850	0	0	500	6350
HWT006	黄万磊	男	本科	6	4730	0	0	500	5230
HWT007	赵小琴	女	硕士	3	4890	2	200	0	4690
HWT008	周晓茹	女	硕士	5	5290	0	0	500	5790
HWT009	叶家悦	女	博士	4	5370	0	0	500	5870
HWT010	张泽一	男	本科	6	4730	0	0	500	5230
HWT011	林一	男	硕士	9	5370	0	0	500	5870
HWT012	李开复	男	本科	7	4810	7	700	0	4110
HWT013	刘晓昂	男	专科	4	4330	0	0	500	4830
HWT014	王小兰	女	本科	6	4730	0	0	500	5230
HWT015	吴磊	男	本科	4	4570	0	0	500	5070
HWT016	李晓天	男	本科	5	4650	5	500	0	4150

图4-44 "员工工资表"效果图

(2)操作要求如下。

①打开一个名为"员工工资簿"的工作簿,将工作簿命名为"工号后两位＋姓名＋员工工资表"的格式,例如"01张三员工工资表"。

②为工作表添加一个表标题,并将其设置为合并居中显示。

③设置表标题的字体为"黑体",字号为"16磅";列标题的字体为"宋体",字号为"12磅",并设置为"加粗"样式,对齐方式为"居中对齐";其他单元格内容的字体为"宋体",字号为"11磅",文本格式也设置为"居中对齐"。

④使用公式和函数计算各项工资费用:扣除金额＝请假天数×100,如果该员工未请假则全勤奖金为500元,应发工资＝基本工资－扣除金额＋全勤奖金。

项目 4.4　数据分析

【效果展示】

对"读书积分汇总表"进行数据排序、数据筛选、数据分类汇总等操作,其最终效果如图 4-45 所示。

读书积分汇总表

会员姓名	性别	年龄	等级	读书数量	按时还书次数	逾期还书次数	全勤奖励	原始积分	读书奖励积分	总积分
王雷	男	30	一级	57	56	1	0	168	20	188
钟珊珊	女	36	三级	12	12	0	10	42	1	53
李艺彤	女	40	三级	5	3	2	0	31	1	32
孟洁伦	女	46	三级	22	18	4	0	12	10	22
王苗	男	57	一级	51	50	1	0	135	20	155
黄艺	男	47	一级	50	50	0	10	117	20	147
赵小琴	女	40	一级	50	39	11	0	108	20	128
周晓茹	女	46	二级	51	49	2	0	86	20	106
叶家悦	女	55	一级	81	81	0	10	149	20	179
张泽一	男	57	一级	79	70	9	0	124	20	144
林一	男	45	三级	8	8	0	10	29	1	40
李婷婷	男	36	二级	71	70	1	0	73	20	93
刘昂	男	53	二级	40	32	8	0	91	10	101
王春兰	女	53	一级	65	60	5	0	106	20	126
吴磊	男	48	二级	73	71	2	0	54	20	74
李晓天	女	22	一级	76	72	4	0	150	20	170

图 4-45　"读书积分汇总表"效果图

【项目要求】

1. 打开名为"读书积分汇总表素材"的工作簿,并将其另存为"学号后两位+姓名+读书积分汇总表"的格式,例如"01张三读书积分汇总表"。

2. 将所有会员按照年龄进行降序排序。

3. 将所有会员按照读书数量进行升序排序。

4. 先按照读书数量进行升序排序,若读书数量相同,则再按照年龄进行降序排序。

5. 将所有会员按照读书等级"一级、二级、三级"的顺序进行排序。

6. 筛选出所有性别为女的读者。

7. 筛选出读书数量排名前5名的读者。

8. 筛选出逾期还书次数大于或等于5次且读书等级为一级的读者。

9. 筛选出总积分在80分到110分之间且年龄在40岁以上的读者。

10. 筛选出原始积分小于100分或逾期还书次数不为0的读者。

11. 按性别汇总所有会员的总积分之和。

12. 按等级汇总所有会员的平均读书数量。

【知识准备】

4.4.1　数据排序

Excel 具备数据排序功能,用户能够依据指定的关键字以及升序或降序的规则,轻松完成特定的数据排序任务。数据排序在 Excel 工作表中扮演着重要角色,它允许用户按照预设的顺序重新排列工作表的记录,使得原本杂乱无章的数据清单能够依据设定的关键字变得井然有序。对于文字的排序,Excel 默认按照汉语拼音字母顺序进行,但用户也可以指定按照文字的笔画顺序来排序。数据排序主要包括三种方式:快速排序、高级排序和自定义排序。

1. 快速排序

快速排序功能适用于对工作表数据清单中的某一列数据进行排序。用户只需在该列中选择任意一个单元格,然后在【开始】选项卡【编辑】功能组中点击【排序和筛选】按钮。若需升序排序,则选择【升序】选项;若需降序排序,则选择【降序】选项。这样,用户就可以轻松完成单一条件的快速排序。用户也可以通过【数据】选项卡【排序和筛选】功能组中的【升序】按钮和【降序】按钮来实现快速排序。

2. 高级排序

当某列数据存在相同数值,单一条件排序无法满足需求时,用户可以采用高级排序,即根据多个条件进行排序。具体操作如下:在数据区域中选择任意一个单元格,然后选择【数据】选项卡【排序和筛选】功能组中的【排序】按钮。在弹出的【排序】对话框中,用户可以点击【添加条件】按钮,根据需要依次添加【主要关键字】和【次要关键字】,并选择对应关键字的排序方式(升序或降序)。最后,点击【确定】按钮即可完成高级排序。

3. 自定义排序

Excel 允许用户根据需要自定义排序序列,且自定义排序最多支持 64 个关键字。具体操作步骤如下:在数据区域中选择任意一个单元格,然后点击【数据】选项卡【排序和筛选】功能组中的【排序】按钮。在弹出的【排序】对话框中,用户可以点击【添加条件】按钮,根据需要依次添加【主要关键字】和【次要关键字】。接着,在【次序】选项中选择【自定义序列】,并在弹出的【自定义序列】对话框中设置新的排序序列。设置好新序列后,点击【添加】按钮将其添加到【自定义序列】列表中。最后,在返回的【排序】对话框中点击【确定】按钮即可完成自定义排序。

4.4.2 数据筛选

数据筛选是在 Excel 中根据指定条件进行筛选的操作,它只显示符合条件的数据,而暂时隐藏不满足条件的数据。筛选功能主要分为自动筛选和高级筛选两种。

1. 自动筛选

自动筛选功能允许用户根据一个或多个条件筛选出数据清单中满足条件的某数据列的值。自动筛选器提供了快速访问和管理数据的功能,用户只需通过简单的操作,就能使用自动筛选器隐藏不需要显示的数据,仅展示满足筛选条件的数据。

首先,选择数据清单中的任意一个单元格。然后,在【数据】选项卡【排序和筛选】功能组中点击【筛选】按钮。此时,每列的列标题右侧会出现一个【自动筛选箭头】按钮。点击该按钮,会打开一个下拉列表,其中显示了该列的所有信息。用户可以根据需求,在下拉列表中进行条件筛选。

2. 高级筛选

高级筛选功能允许用户通过自定义的筛选条件，仅显示符合条件的数据。使用高级筛选功能时，首先需要在工作表中建立一个条件区域。条件区域由设定的条件字段名和条件值组成，这些字段名称必须与进行筛选的列表区中的列标题完全相同。然后，在条件字段名下方的单元格中输入条件表达式，这些表达式通常以比较运算符开头。

当存在多个筛选条件，并且这些条件之间为"与"的关系时，可以将筛选条件并排显示；如果条件之间为"或"的关系，则将筛选条件错位显示。通常，条件区域会被建立在表格的正下方，如表4-4所示。进行高级筛选操作后，筛选的结果可以选择显示在原数据表格中，也可以显示在表格的其他位置。

表 4-4 高级筛选条件设置

条件	含义
性别 女	筛选性别为女的信息
姓名 林一	筛选姓名为"林一"的信息
积分 >10	筛选积分大于10分的信息
余额 <>80	筛选余额不等于80的信息
积分　性别 >10　男	筛选出积分大于10分的男生信息
余额　性别 >=100 　　　女	筛选出余额大于或等于100或性别为女的信息
积分　性别 >10　男 <=20　男	筛选出积分大于10分和积分小于或等于20分的男生信息

4.4.3 分类汇总

分类汇总是指将数据根据指定的类别，按照需求的方式进行分类并展示。进行分类汇总的首要步骤是按照分类字段对数据进行归类，即将同一类别的数据整合在一起，随后再进行分类统计。数据区域的每一列都应包含一个列标题。

1. 创建数据组

首先,需要对分类汇总的字段进行排序操作。接着,在【数据】选项卡【分级显示】功能组中选择【分类汇总】功能。在弹出的【分类汇总】对话框中,分别设置【分类字段】【汇总方式】以及【选定汇总项】,然后点击【确定】按钮,即可创建分类汇总数据组。

2. 分级显示

完成数据分类汇总后,工作表的左上角会出现分级显示的级别符号 1 2 3 。通过单击这些级别符号,可以实现对汇总结果的分级显示。

3. 删除分类汇总

对于不再需要的分类汇总显示,可以轻松将其删除。首先,选择数据组中的任意一个单元格。然后,在【数据】选项卡【分级显示】功能组中,再次选择【分类汇总】功能。在弹出的【分类汇总】对话框中,点击左下角的【全部删除】按钮,即可删除分类汇总。

4.4.4 合并计算

合并计算和分类汇总都是用于对一张或多张工作表中的数据进行统计的操作。合并计算功能能够将同一张工作表、同一工作簿中的不同工作表,以及不同工作簿中的工作表数据进行汇总计算。重要的是,合并计算的结果必须显示在新的目标区域,而不是覆盖原数据区域。

若要对多个工作表进行合并计算,首先需要新建一个工作表,并确保该工作表的行标题和列标题与源数据清单保持一致。接着,选中用于存放合并计算结果的数据清单区域,然后在【数据】选项卡【数据工具】功能组中选择【合并计算】功能。在弹出的【合并计算】对话框中,通过【引用位置】右侧的拾取按钮,分别选取每个工作表的源数据清单区域。每选取一个工作表的源数据清单区域后,点击【添加】按钮将其添加到【所有引用位置】区域。当所有源数据清单区域都选取完成后,点击【确定】按钮,即可在新工作表中显示合并计算的结果。图 4-46 所示为【合并计算】对话框。

图 4-46 【合并计算】对话框

【项目实践】制作"读书积分汇总表"

1. 打开并另存 Excel 工作簿

(1) 在 Excel 2016 工作界面中选择【文件】选项卡中的【打开】命令。

(2) 打开【打开】对话框,在【地址栏】下拉列表框中选择文件路径,在工作区选中"读书积分汇总表素材.xlsx"工作簿,完成后点击【打开】按钮即可打开所选工作簿。

(3) 选择【文件】选项卡中的【另存为】命令,选择保存路径。在弹出的【另存为】对话框中,按照"学号后两位+姓名+读书积分汇总表"的格式输入文件名,例如"01张三读书积分汇总表",然后点击【保存】按钮。

2. 按照所有会员的年龄降序排序

方法一:选择"年龄"单元格C2,点击【数据】选项卡,在【排序和筛选】功能组中点击【降序】按钮,即可实现年龄列数据由大到小的降序排序,效果如图4-47所示。

方法二:选择"年龄"单元格C2,点击【开始】选项卡,在【编辑】功能组中选择【排序和筛选】,在弹出的下拉列表中选择【降序】选项,效果如图4-47所示。

	A	B	C	D	E	F	G	H	I	J	K
1					读书积分汇总表						
2	会员姓名	性别	年龄	等级	读书数量	按时还书次数	逾期还书次数	全勤奖励	原始积分	读书奖励积分	总积分
3	王苗	男	57	一级	51	50	1	0	135	20	155
4	张泽一	男	57	一级	79	70	9	0	124	20	144
5	叶家悦	女	55	一级	81	81	0	10	149	20	179
6	刘昂	男	53	二级	40	32	8	0	91	10	101
7	王春兰	女	53	一级	65	60	5	0	106	20	126
8	吴磊	男	48	一级	73	71	2	0	54	20	74
9	黄艺	男	47	一级	50	50	0	10	117	20	147
10	孟洁伦	女	46	三级	22	18	4	0	12	10	22
11	周晓茹	女	46	一级	51	49	2	0	86	20	106
12	林一	男	45	三级	8	8	0	10	29	1	40
13	李艺彤	女	40	三级	5	3	2	0	31	1	32
14	赵小琴	女	40	一级	50	39	11	0	108	20	128
15	钟珊珊	女	36	三级	12	12	0	10	42	1	53
16	李婷婷	男	36	一级	71	70	1	0	73	20	93
17	王雷	男	30	一级	57	56	1	0	168	20	188
18	李晓天	女	22	一级	76	72	4	0	150	20	170

图4-47 所有会员年龄降序排序效果图

"将所有会员按照性别进行升序排序"操作同上,不赘述。

3. 按照所有会员的读书数量升序排序

选择数据清单内任意一个单元格,点击【开始】选项卡,在【编辑】功能组中选择【排序和筛选】,在下拉列表框中选择【筛选】。此时,第2行列标题的每个单元格右侧会出现下拉按钮。点击此下拉按钮,并选择【升序】,即可实现读书数量列数据的升序排序,效果如图4-48所示。

4. 按照读书数量升序且年龄降序排序

点击【数据】选项卡,在【排序和筛选】功能组中选择【排序】功能。在弹出的【排序】对话框中,设置【主要关键字】为【读书数量】,次序为【升序】。点击【添加条件】按钮,在【次要关键字】中选择【年龄】,次序为【降序】,如图4-49所示。点击【确定】按钮后,即可实现"读书数量"的升序排序,并且在"读书数量"相同的情况下,"年龄"会按降序排列,效果如图4-50所

项目 4　Excel 2016 电子表格　143

	A	B	C	D	E	F	G	H	I	J	K
1	读书积分汇总表										
2	会员姓名	性别	年龄	等级	读书数量	按时还书次数	逾期还书次数	全勤奖励	原始积分	读书奖励积分	总积分
3	李艺彤	女	40	三级	5	3	2	0	31	1	32
4	林一	男	45	三级	8	8	0	10	29	1	40
5	钟珊珊	女	36	三级	12	12	0	10	42	1	53
6	孟洁伦	女	46	三级	22	18	4	0	12	10	22
7	刘昂	男	53	二级	40	32	8	0	91	10	101
8	黄艺	男	47	一级	50	50	0	10	117	20	147
9	赵小琴	女	40	一级	50	39	11	0	108	20	128
10	王苗	男	57	一级	51	50	1	0	135	20	155
11	周晓茹	女	46	二级	51	49	2	0	86	20	106
12	王雷	男	30	一级	57	56	1	0	168	20	188
13	王春兰	女	53	一级	65	60	5	0	106	20	126
14	李婷婷	男	36	二级	71	70	1	0	73	20	93
15	吴磊	男	48	二级	73	71	2	0	54	20	74
16	李晓天	女	22	一级	76	72	4	0	150	20	170
17	张泽一	男	57	一级	79	70	9	0	124	20	144
18	叶家悦	女	55	一级	81	81	0	10	149	20	179

图 4-48　所有会员读书数量升序排序效果图

示。此外,在【排序】对话框中,除了可以对数值进行排序外,还可以依据"单元格颜色""字体颜色""条件格式图标"等进行排序,如图 4-51 所示。

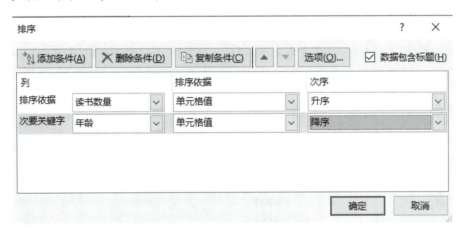

图 4-49　排序条件

	A	B	C	D	E	F	G	H	I	J	K
1	读书积分汇总表										
2	会员姓名	性别	年龄	等级	读书数量	按时还书次数	逾期还书次数	全勤奖励	原始积分	读书奖励积分	总积分
3	李艺彤	女	40	三级	5	3	2	0	31	1	32
4	林一	男	45	三级	8	8	0	10	29	1	40
5	钟珊珊	女	36	三级	12	12	0	10	42	1	53
6	孟洁伦	女	46	三级	22	18	4	0	12	10	22
7	刘昂	男	53	二级	40	32	8	0	91	10	101
8	黄艺	男	47	一级	50	50	0	10	117	20	147
9	赵小琴	女	40	一级	50	39	11	0	108	20	128
10	王苗	男	57	一级	51	50	1	0	135	20	155
11	周晓茹	女	46	二级	51	49	2	0	86	20	106
12	王雷	男	30	一级	57	56	1	0	168	20	188
13	王春兰	女	53	一级	65	60	5	0	106	20	126
14	李婷婷	男	36	二级	71	70	1	0	73	20	93
15	吴磊	男	48	二级	73	71	2	0	54	20	74
16	李晓天	女	22	一级	76	72	4	0	150	20	170
17	张泽一	男	57	一级	79	70	9	0	124	20	144
18	叶家悦	女	55	一级	81	81	0	10	149	20	179

图 4-50　读书数量升序且年龄降序排序效果图

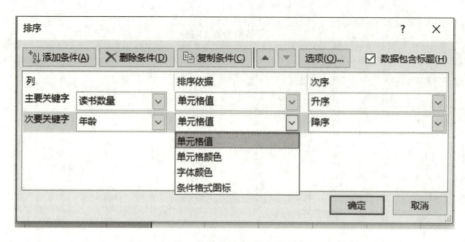

图 4-51 排序依据选择

5. 按照读书等级"一级、二级、三级"的顺序排序

点击【开始】选项卡,在【编辑】功能组中选择【排序和筛选】,然后选择【自定义排序】,在弹出的【排序】对话框中,设置主要关键字为【等级】,排序依据为【数值】,次序为【自定义序列】,如图 4-52 所示。在弹出的【自定义序列】对话框中,在【输入序列】文本框中输入"一级,二级,三级"(注意使用英文逗号分隔),如图 4-53 所示。点击【添加】按钮后,新序列会被添加到【次序】条件中。点击【确定】按钮,即可完成按照"一级、二级、三级"次序的排序,效果如图 4-54 所示。

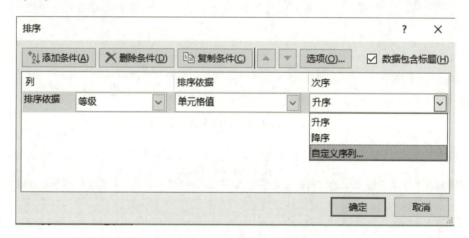

图 4-52 【排序】对话框设置

6. 筛选出所有女读者

点击【数据】选项卡,在【排序和筛选】功能组中点击【筛选】按钮。此时,列标题的每个单元格内都会出现一个筛选按钮。点击【性别】的筛选按钮,取消勾选性别为"男"的条件,然后点击【确定】按钮,即可筛选出所有女读者的信息,效果如图 4-55 所示。

7. 筛选出读书数量前 5 名的会员

点击【读书数量】列标题的筛选按钮,选择【数字筛选】级联列表中的【前 10 项】选项,如

图 4-53 "自定义序列"对话框设置

读书积分汇总表

会员姓名	性别	年龄	等级	读书数量	按时还书次数	逾期还书次数	全勤奖励	原始积分	读书奖励积分	总积分
王雷	男	30	一级	57	56	1	0	168	20	188
王苗	男	57	一级	51	50	1	0	135	20	155
黄艺	男	47	一级	50	50	0	10	117	20	147
赵小琴	女	40	一级	50	39	11	0	108	20	128
叶家悦	女	55	一级	81	81	0	10	149	20	179
张泽一	男	57	一级	79	70	9	0	124	20	144
王春兰	女	53	一级	65	60	5	0	106	20	126
李晓天	女	22	一级	76	72	4	0	150	20	170
周晓茹	女	46	二级	51	49	2	0	86	20	106
李婷婷	男	36	二级	71	70	1	0	73	20	93
刘昂	男	53	二级	40	32	8	0	91	10	101
吴磊	男	48	二级	73	71	2	0	54	20	74
钟珊珊	女	36	三级	12	12	0	10	42	1	53
李艺彤	女	40	三级	5	3	2	0	31	1	32
孟洁伦	女	46	三级	22	18	4	0	12	10	22
林一	男	45	三级	8	8	0	10	29	1	40

图 4-54 按照读书等级为"一级、二级、三级"顺序排序效果图

读书积分汇总表

会员姓名	性别	年龄	等级	读书数	按时还书次	逾期还书次	全勤奖励	原始积分	读书奖励积分	总积分
赵小琴	女	40	一级	50	39	11	0	108	20	128
叶家悦	女	55	一级	81	81	0	10	149	20	179
王春兰	女	53	一级	65	60	5	0	106	20	126
李晓天	女	22	一级	76	72	4	0	150	20	170
周晓茹	女	46	二级	51	49	2	0	86	20	106
钟珊珊	女	36	三级	12	12	0	10	42	1	53
李艺彤	女	40	三级	5	3	2	0	31	1	32
孟洁伦	女	46	三级	22	18	4	0	12	10	22

图 4-55 筛选所有女读者效果图

图 4-56 所示。在弹出的【自动筛选前 10 个】对话框中，将最大项"10"更改为"5"，如图 4-57 所示，然后点击【确定】按钮，即可筛选出读书数量前 5 名的会员，效果如图 4-58 所示。

图 4-56 选择【数字筛选】级联列表中的【前 10 项】选项

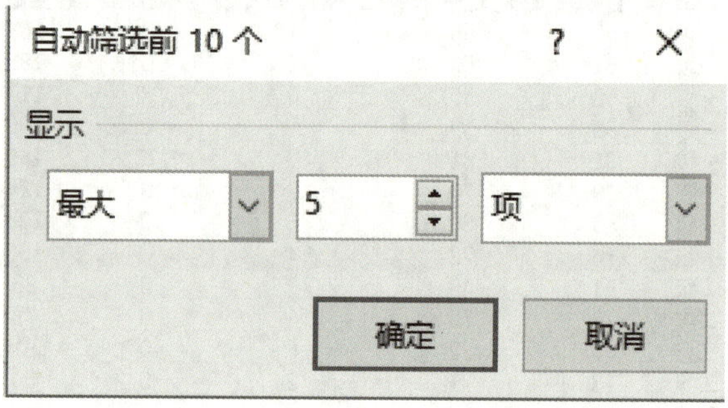

图 4-57 调整自动筛选数量

读书积分汇总表										
会员姓名	性!	年	等	读书数	按时还书次	逾期还书次	全勤奖	原始积	读书奖励积	总积
叶家悦	女	55	一级	81	81	0	10	149	20	179
张泽一	男	57	一级	79	70	9	0	124	20	144
李晓天	女	22	一级	76	72	4	0	150	20	170
李婷婷	男	36	二级	71	70	1	0	73	20	93
吴磊	男	48	二级	73	71	2	0	54	20	74

图 4-58 筛选读书数量前 5 名的会员效果图

8. 筛选出逾期还书次数大于或等于 5 次的一级读者

对于多个条件的筛选，可以使用高级筛选功能。首先，在数据表格的下方按照要求输入筛选条件，如图 4-59 所示。然后，点击【数据】选项卡，在【排序和筛选】功能组中选择【高级】按钮。在弹出的【高级筛选】对话框中，设定列表区域和条件区域，如图 4-60 所示。此时，筛选后的表格会覆盖原表,仅显示逾期还书次数大于或等于5次的一级读者,效果如图4-61所示。

逾期还书次数	等级
>=5	一级

图 4-59　条件区域设置(1)

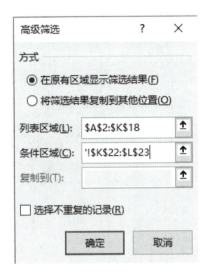

图 4-60　高级筛选设置

读书积分汇总表										
会员姓名	性别	年龄	等级	读书数量	按时还书次数	逾期还书次数	全勤奖励	原始积分	读书奖励积分	总积分
赵小琴	女	40	一级	50	39	11	0	108	20	128
张泽一	男	57	一级	79	70	9	0	124	20	144
王春兰	女	53	一级	65	60	5	0	106	20	126

图 4-61　筛选逾期还书次数大于或等于5次的一级读者效果图

9. 筛选出总积分在80分到110分之间、年龄在40岁以上的读者

首先,在数据表格的下方输入筛选条件,如图4-62所示。然后,点击【数据】选项卡,在【排序和筛选】功能组中选择【高级】功能。在弹出的【高级筛选】对话框中,设定列表区域和条件区域,并点击【确定】按钮,即可完成总积分在80分到110分之间且年龄在40岁以上的读者的筛选,效果如图4-63所示。

总积分	总积分	年龄
>80	<110	>40

图 4-62　条件区域设置(2)

读书积分汇总表										
会员姓名	性别	年龄	等级	读书数量	按时还书次数	逾期还书次数	全勤奖励	原始积分	读书奖励积分	总积分
周晓茹	女	46	二级	51	49	2	0	86	20	106
刘昂	男	53	二级	40	32	8	0	91	10	101

图 4-63　筛选总积分在80分至110分之间、年龄在40岁以上的读者效果图

10. 筛选出原始积分小于 100 分或逾期还书次数不为 0 的读者

首先，在数据表格的下方输入筛选条件。对于"或"关系的条件，可以将条件值错行显示，如图 4-64 所示。然后，点击【数据】选项卡，在【排序和筛选】功能组中选择【高级】功能。在弹出的【高级筛选】对话框中，设定列表区域和条件区域，并点击【确定】按钮，即可完成原始积分小于 100 分或逾期还书次数不为 0 的读者的筛选，效果如图 4-65 所示。

原始积分	逾期还书次数
<100	
	<>0

图 4-64　条件区域设置(3)

读书积分汇总表

会员姓名	性别	年龄	等级	读书数量	按时还书次数	逾期还书次数	全勤奖励	原始积分	读书奖励积分	总积分
王雷	男	30	一级	57	56	1	0	168	20	188
王苗	男	57	一级	51	50	1	0	135	20	155
赵小琴	女	40	一级	50	39	11	0	108	20	128
张泽一	男	57	一级	79	70	9	0	124	20	144
王春兰	女	53	一级	65	60	5	0	106	20	126
李晓天	女	22	一级	76	72	4	0	150	20	170
周晓茹	女	46	二级	51	49	2	0	86	20	106
李婷婷	女	36	二级	71	70	1	0	73	20	93
刘昂	男	53	二级	40	32	8	0	91	10	101
吴磊	男	48	二级	73	71	2	0	54	20	74
钟珊珊	女	36	三级	12	12	0	10	42	1	53
李艺彤	女	40	三级	5	3	2	0	31	1	32
孟洁伦	女	46	三级	22	18	4	0	12	10	22
林一	男	45	三级	8	8	0	10	29	1	40

图 4-65　筛选原始积分小于 100 分或逾期还书次数不为 0 的读者效果图

11. 按性别分类汇总所有读书会员的总积分之和

首先，按"性别"字段进行分类。选择"性别"列标题 B2 单元格，点击【开始】选项卡，在【编辑】功能组中选择【排序和筛选】功能，在下拉列表中选择【升序】。此时，所有员工将按照"性别"分类显示，如图 4-66 所示。然后，点击【数据】选项卡【分级显示】功能组中的【分类汇总】功能。在弹出的【分类汇总】对话框中，设置分类字段为【性别】，汇总方式为【求和】，并在选定汇总项中勾选【总积分】复选框，如图 4-67 所示。点击【确定】按钮后，即可查看汇总效果，如图 4-68 所示。

读书积分汇总表

会员姓名	性别	年龄	等级	读书数量	按时还书次数	逾期还书次数	全勤奖励	原始积分	读书奖励积分	总积分
赵小琴	女	40	一级	50	39	11	0	108	20	128
叶家悦	女	55	一级	81	81	0	10	149	20	179
王春兰	女	53	一级	65	60	5	0	106	20	126
李晓天	女	22	一级	76	72	4	0	150	20	170
周晓茹	女	46	二级	51	49	2	0	86	20	106
钟珊珊	女	36	三级	12	12	0	10	42	1	53
李艺彤	女	40	三级	5	3	2	0	31	1	32
孟洁伦	女	46	三级	22	18	4	0	12	10	22
王雷	男	30	一级	57	56	1	0	168	20	188
王苗	男	57	一级	51	50	1	0	135	20	155
黄艺	男	47	一级	50	50	0	10	117	20	147
张泽一	男	57	一级	79	70	9	0	124	20	144
李婷婷	男	36	二级	71	70	1	0	73	20	93
刘昂	男	53	二级	40	32	8	0	91	10	101
吴磊	男	48	二级	73	71	2	0	54	20	74
林一	男	45	三级	8	8	0	10	29	1	40

图 4-66　按"性别"字段排序效果图

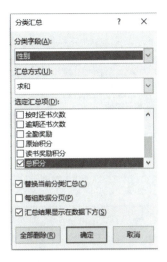

图 4-67　分类汇总设置

1 2 3		A	B	C	D	E	F	G	H	I	J	K
	1	读书积分汇总表										
	2	会员姓名	性别	年龄	等级	读书数量	按时还书次数	逾期还书次数	全勤奖励	原始积分	读书奖励积分	总积分
	3	赵小琴	女	40	一级	50	39	11	0	108	20	128
	4	叶家悦	女	55	一级	81	81	0	10	149	20	179
	5	王春兰	女	53	一级	65	60	5	0	106	20	126
	6	李晓天	女	22	一级	76	72	4	0	150	20	170
	7	周晓茹	女	46	二级	51	49	2	0	86	20	106
	8	钟珊珊	女	36	三级	12	12	0	10	42	1	53
	9	李艺彤	女	40	三级	5	3	2	0	31	1	32
	10	孟洁伦	女	46	三级	22	18	4	0	12	10	22
	11		女 汇总									816
	12	王雷	男	30	一级	57	56	1	0	168	20	188
	13	王苗	男	57	一级	51	50	1	0	135	20	155
	14	黄艺	男	47	一级	50	50	0	10	117	20	147
	15	张泽一	男	57	一级	79	70	9	0	124	20	144
	16	李婷婷	男	36	二级	71	70	1	0	73	20	93
	17	刘昂	男	53	二级	40	32	8	0	91	10	101
	18	吴磊	男	48	二级	73	71	2	0	54	20	74
	19	林一	男	45	三级	8	8	0	10	29	1	40
	20		男 汇总									942
	21		总计									1758

图 4-68　按性别汇总所有读书会员的总积分之和效果图

12. 按等级汇总所有会员的平均读书数量

首先,按"等级"字段进行分类。选择"等级"列标题 D2 单元格,点击【数据】选项卡【排序和筛选】功能组中的【排序】按钮。在弹出的【排序】对话框中,设置主要关键字为【等级】,排序依据为【数值】,次序为【自定义序列】,并在弹出的【自定义序列】对话框中选择"一级,二级,三级"的样式,如图 4-69 所示。点击【确定】按钮后,所有读者将按照等级分类显示,如图 4-70 所示。然后,点击【数据】选项卡【分级显示】功能组中的【分类汇总】功能。在弹出的【分类汇总】对话框中,设置分类字段为【等级】,汇总方式为【平均值】,并在选定汇总项中勾选【读书数量】复选框,如图 4-71 所示。点击【确定】按钮后,即可查看汇总效果,如图 4-72 所示。如果需要删除分类汇总并查看原始数据或进行其他类别的汇总,可以选择【数据】选项卡【分级显示】功能组中的【分类汇总】按钮。在弹出的【分类汇总】对话框中点击左下角的【全部删除】按钮即可删除之前的分类汇总统计。

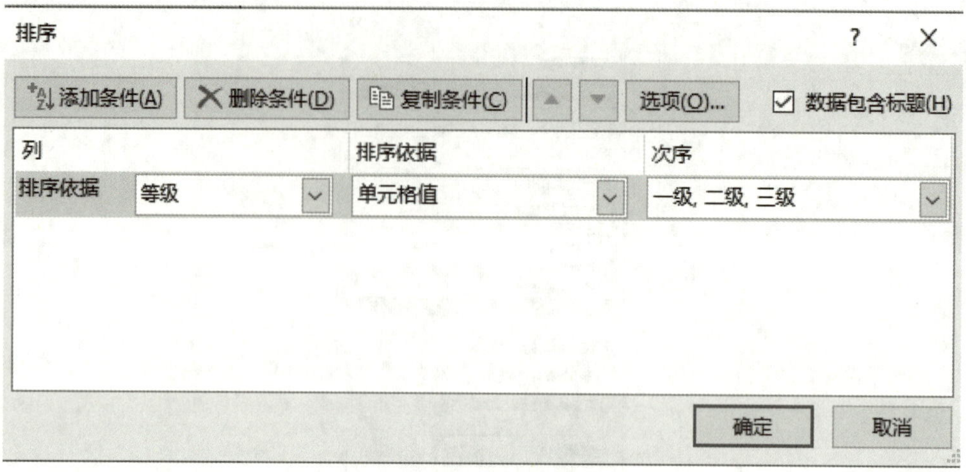

图 4-69 等级字段排序设置

读书积分汇总表

会员姓名	性别	年龄	等级	读书数量	按时还书次数	逾期还书次数	全勤奖励	原始积分	读书奖励积分	总积分
赵小琴	女	40	一级	50	39	11	0	108	20	128
叶家悦	女	55	一级	81	81	0	10	149	20	179
王春兰	女	53	一级	65	60	5	0	106	20	126
李晓天	女	22	一级	76	72	4	0	150	20	170
王雷	男	30	一级	57	56	1	0	168	20	188
王苗	男	57	一级	51	50	1	0	135	20	155
黄艺	男	47	一级	50	50	0	10	117	20	147
张泽一	男	57	一级	79	70	9	0	124	20	144
周晓茹	女	46	二级	51	49	2	0	86	20	106
李婷婷	男	36	二级	71	70	1	0	73	20	93
刘昂	男	53	二级	40	32	8	0	91	10	101
吴磊	男	48	二级	73	71	2	0	54	20	74
钟珊珊	女	36	三级	12	12	0	10	42	1	53
李艺彤	女	40	三级	5	3	2	0	31	1	32
孟洁伦	女	46	三级	22	18	4	0	12	10	22
林一	男	45	三级	8	8	0	10	29	1	40

图 4-70 按等级字段排序效果图

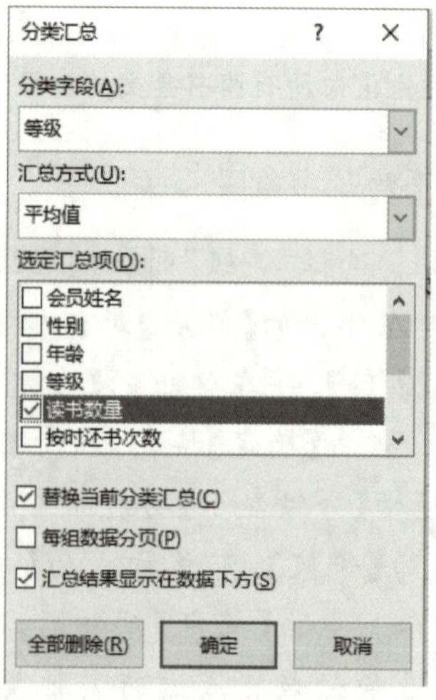

图 4-71 【分类汇总】对话框设置

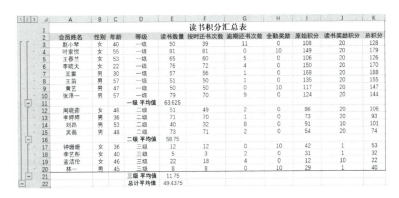

图 4-72　按等级汇总所有会员的平均读书数量效果图

【随堂练习七】对"A 店铺销售清单"的数据分析与管理

(1) 对于给定的"A 店铺销售清单"进行数据分析与管理。其效果如图 4-73～图 4-80 所示。

A店铺销售清单				
月份	货品名称	销售数量	商品单价	金额
一月	5G智能手机	10	3399	33990
一月	笔记本电脑	3	4699	14097
一月	蓝牙耳机	4	999	3996
一月	平板电脑	9	2799	25191
一月	智能手表	2	2888	5776
二月	5G智能手机	11	3399	37389
二月	笔记本电脑	2	4699	9398
二月	蓝牙耳机	8	999	7992
二月	平板电脑	6	2799	16794
二月	智能手表	9	2888	25992
三月	5G智能手机	18	3399	61182
三月	笔记本电脑	12	4699	56388
三月	蓝牙耳机	5	999	4995
三月	平板电脑	7	2799	19593
四月	5G智能手机	10	3399	33990
四月	笔记本电脑	14	4699	65786
四月	蓝牙耳机	5	999	4995
四月	平板电脑	2	2799	5598
四月	智能手表	3	2888	8664

图 4-73　"按月份排序"效果图

A店铺销售清单				
月份	货品名称	销售数量	商品单价	金额
三月	5G智能手机	18	3399	61182
二月	5G智能手机	11	3399	37389
一月	5G智能手机	10	3399	33990
四月	5G智能手机	10	3399	33990
四月	笔记本电脑	14	4699	65786
三月	笔记本电脑	12	4699	56388
一月	笔记本电脑	3	4699	14097
二月	笔记本电脑	2	4699	9398
二月	蓝牙耳机	8	999	7992
三月	蓝牙耳机	5	999	4995
四月	蓝牙耳机	5	999	4995
一月	蓝牙耳机	4	999	3996
一月	平板电脑	9	2799	25191
三月	平板电脑	7	2799	19593
二月	平板电脑	6	2799	16794
四月	平板电脑	2	2799	5598
二月	智能手表	9	2888	25992
四月	智能手表	3	2888	8664
一月	智能手表	2	2888	5776

图 4-74　"货品名称升序且销售数量降序"效果图

(2) 操作要求如下。

① 按照月份"一月、二月、三月、四月"的顺序进行排序,并将工作表标签重命名为"按月份排序"。

② 按货品名称进行升序排序,同时按销售数量进行降序排序,然后将工作表标签重命名为"货品名称升序且销售数量降序"。

③ 筛选出销售数量小于 10000 的货品,并将工作表标签重命名为"销售数量小于 10000 的货品"。

A店铺销售清单				
月份	货品名称	销售数量	商品单价	金额
二月	笔记本电脑	2	4699	9398
二月	蓝牙耳机	8	999	7992
三月	蓝牙耳机	5	999	4995
四月	蓝牙耳机	5	999	4995
一月	蓝牙耳机	4	999	3996
四月	平板电脑	2	2799	5598
四月	智能手表	3	2888	8664
一月	智能手表	2	2888	5776

图 4-75 "销售金额小于 10000 的货品"效果图

A店铺销售清单				
月份	货品名称	销售数量	商品单价	金额
四月	蓝牙耳机	5	999	4995
四月	平板电脑	2	2799	5598
四月	智能手表	3	2888	8664

图 4-76 "四月份销售数量小于 10 的货品"效果图

A店铺销售清单				
月份	货品名称	销售数量	商品单价	金额
三月	5G智能手机	18	3399	61182
二月	5G智能手机	11	3399	37389
三月	笔记本电脑	12	4699	56388

图 4-77 "二月或三月销售数量大于 10 的货品"效果图

A店铺销售清单				
月份	货品名称	销售数量	商品单价	金额
一月	5G智能手机	10	3399	33990
一月	笔记本电脑	3	4699	14097
一月	蓝牙耳机	4	999	3996
一月	平板电脑	9	2799	25191
一月	智能手表	2	2888	5776
一月 最小值		2		
二月	5G智能手机	11	3399	37389
二月	笔记本电脑	2	4699	9398
二月	蓝牙耳机	8	999	7992
二月	平板电脑	6	2799	16794
二月	智能手表	9	2888	25992
二月 最小值		2		
三月	5G智能手机	18	3399	61182
三月	笔记本电脑	12	4699	56388
三月	蓝牙耳机	5	999	4995
三月	平板电脑	7	2799	19593
三月 最小值		5		
四月	5G智能手机	10	3399	33990
四月	笔记本电脑	14	4699	65786
四月	蓝牙耳机	5	999	4995
四月	平板电脑	2	2799	5598
四月	智能手表	3	2888	8664
四月 最小值		2		
总计最小值		2		

图 4-78 "按月份分类汇总销售数量的最小值"效果图

④筛选出四月份销售数量小于 10 的货品,并将工作表标签重命名为"四月份销售数量小于 10 的货品"。

⑤筛选出二月或三月销售数量大于 10 的货品,并将工作表标签重命名为"二月或三月

A店铺销售清单				
月份	货品名称	销售数量	商品单价	金额
一月	5G智能手机	10	3399	33990
二月	5G智能手机	11	3399	37389
三月	5G智能手机	18	3399	61182
四月	5G智能手机	10	3399	33990
	5G智能手机 汇总	49		
一月	笔记本电脑	3	4699	14097
二月	笔记本电脑	2	4699	9398
三月	笔记本电脑	12	4699	56388
四月	笔记本电脑	14	4699	65786
	笔记本电脑 汇总	31		
一月	蓝牙耳机	4	999	3996
二月	蓝牙耳机	8	999	7992
三月	蓝牙耳机	5	999	4995
四月	蓝牙耳机	5	999	4995
	蓝牙耳机 汇总	22		
一月	平板电脑	9	2799	25191
二月	平板电脑	6	2799	16794
三月	平板电脑	7	2799	19593
四月	平板电脑	2	2799	5598
	平板电脑 汇总	24		
一月	智能手表	2	2888	5776
二月	智能手表	9	2888	25992
四月	智能手表	3	2888	8664
	智能手表 汇总	14		
	总计	140		

图 4-79 "按货品名称分类汇总销售数量的总值"效果图

A店铺销售清单				
月份	货品名称	销售数量	商品单价	金额
一月	5G智能手机	10	3399	33990
二月	5G智能手机	11	3399	37389
三月	5G智能手机	18	3399	61182
四月	5G智能手机	10	3399	33990
	5G智能手机 平均值			41638
一月	笔记本电脑	3	4699	14097
二月	笔记本电脑	2	4699	9398
三月	笔记本电脑	12	4699	56388
四月	笔记本电脑	14	4699	65786
	笔记本电脑 平均值			36417
一月	蓝牙耳机	4	999	3996
二月	蓝牙耳机	8	999	7992
三月	蓝牙耳机	5	999	4995
四月	蓝牙耳机	5	999	4995
	蓝牙耳机 平均值			5494.5
一月	平板电脑	9	2799	25191
二月	平板电脑	6	2799	16794
三月	平板电脑	7	2799	19593
四月	平板电脑	2	2799	5598
	平板电脑 平均值			16794
一月	智能手表	2	2888	5776
二月	智能手表	9	2888	25992
四月	智能手表	3	2888	8664
	智能手表 平均值			13477
	总计平均值			23253

图 4-80 "按货品名称分类汇总金额的平均值"效果图

销售数量大于10的货品"。

⑥按月份分类汇总销售数量的最小值,并将工作表标签重命名为"按月份分类汇总销售数量的最小值"。

⑦按货品名称分类汇总销售数量的总值,并将工作表标签重命名为"按货品名称分类汇总销售数量的总值"。

⑧按货品名称分类汇总金额的平均值,并将工作表标签重命名为"按货品名称分类汇总金额的平均值"。

【随堂练习八】对"上半年图书销售业绩表"的数据管理与分析

(1)根据给定的"上半年图书销售业绩表",完成数据分析与管理。其效果如图4-81～图4-87所示。

上半年图书销售业绩表

编号	部门	姓名	一月	二月	三月	四月	五月	六月	汇总
004	三分部	王源	52	27	25	48	87	46	285
001	一分部	吴磊	58	35	87	28	30	115	353
008	二分部	李艺彤	89	29	57	42	101	42	360
009	一分部	周晓茹	44	74	62	67	56	73	376
002	二分部	孟洁伦	112	26	64	45	57	88	392
005	一分部	钟珊珊	84	58	85	58	55	57	397
016	一分部	王石	93	28	70	65	98	45	399
015	二分部	叶家悦	99	94	28	104	43	109	477
006	三分部	赵小琴	98	59	43	118	99	87	504
012	一分部	刘昂	53	44	113	89	98	108	505
003	二分部	张泽一	87	84	46	93	119	80	509
010	三分部	王春兰	95	101	98	53	97	72	516
013	三分部	李开	112	25	84	123	83	90	517
007	一分部	林一	112	73	64	90	100	81	520
014	二分部	李晓天	54	99	90	118	90	78	529
011	二分部	黄磊	91	94	112	77	113	101	588

图4-81 "上半年总销售量升序"效果图

上半年图书销售业绩表

编号	部门	姓名	一月	二月	三月	四月	五月	六月	汇总
016	一分部	王石	93	28	70	65	98	45	399
015	二分部	叶家悦	99	94	28	104	43	109	477
014	二分部	李晓天	54	99	90	118	90	78	529
013	三分部	李开	112	25	84	123	83	90	517
012	一分部	刘昂	53	44	113	89	98	108	505
011	二分部	黄磊	91	94	112	77	113	101	588
010	三分部	王春兰	95	101	98	53	97	72	516
009	一分部	周晓茹	44	74	62	67	56	73	376
008	二分部	李艺彤	89	29	57	42	101	42	360
007	一分部	林一	112	73	64	90	100	81	520
006	三分部	赵小琴	98	59	43	118	99	87	504
005	一分部	钟珊珊	84	58	85	58	55	57	397
004	三分部	王源	52	27	25	48	87	46	285
003	二分部	张泽一	87	84	46	93	119	80	509
002	二分部	孟洁伦	112	26	64	45	57	88	392
001	一分部	吴磊	58	35	87	28	30	115	353

图4-82 "员工编号降序"效果图

上半年图书销售业绩表

编号	部门	姓名	一月	二月	三月	四月	五月	六月	汇总
009	一分部	周晓茹	44	74	62	67	56	73	376
004	三分部	王源	52	27	25	48	87	46	285
012	一分部	刘昂	53	44	113	89	98	108	505
014	二分部	李晓天	54	99	90	118	90	78	529
001	一分部	吴磊	58	35	87	28	30	115	353
005	一分部	钟珊珊	84	58	85	58	55	57	397
003	二分部	张泽一	87	84	46	93	119	80	509
008	二分部	李艺彤	89	29	57	42	101	42	360
011	二分部	黄磊	91	94	112	77	113	101	588
016	一分部	王石	93	28	70	65	98	45	399
010	三分部	王春兰	95	101	98	53	97	72	516
006	三分部	赵小琴	98	59	43	118	99	87	504
015	二分部	叶家悦	99	94	28	104	43	109	477
007	一分部	林一	112	73	64	90	100	81	520
002	二分部	孟洁伦	112	26	64	45	57	88	392
013	三分部	李开	112	25	84	123	83	90	517

图 4-83 "一月升序且二月降序"效果图

上半年图书销售业绩表

编号	部门	姓名	一月	二月	三月	四月	五月	六月	汇总
004	三分部	王源	52	27	25	48	87	46	285
010	三分部	王春兰	95	101	98	53	97	72	516
006	三分部	赵小琴	98	59	43	118	99	87	504
013	三分部	李开	112	25	84	123	83	90	517
014	二分部	李晓天	54	99	90	118	90	78	529
003	二分部	张泽一	87	84	46	93	119	80	509
011	二分部	黄磊	91	94	112	77	113	101	588
015	二分部	叶家悦	99	94	28	104	43	109	477
008	二分部	李艺彤	89	29	57	42	101	42	360
002	二分部	孟洁伦	112	26	64	45	57	88	392
009	一分部	周晓茹	44	74	62	67	56	73	376
012	一分部	刘昂	53	44	113	89	98	108	505
001	一分部	吴磊	58	35	87	28	30	115	353
007	一分部	林一	112	73	64	90	100	81	520
005	一分部	钟珊珊	84	58	85	58	55	57	397
016	一分部	王石	93	28	70	65	98	45	399

图 4-84 "三分部、二分部、一分部排序"效果图

上半年图书销售业绩表

编号	部门	姓名	一月	二月	三月	四月	五月	六月	汇总
002	二分部	孟洁伦	112	26	64	45	57	88	392

图 4-85 "二分部中一月份销售业绩大于 100 的人员"效果图

上半年图书销售业绩表

编号	部门	姓名	一月	二月	三月	四月	五月	六月	汇总
004	三分部	王源	52	27	25	48	87	46	285
015	二分部	叶家悦	99	94	28	104	43	109	477
008	二分部	李艺彤	89	29	57	42	101	42	360
002	二分部	孟洁伦	112	26	64	45	57	88	392
009	一分部	周晓茹	44	74	62	67	56	73	376
001	一分部	吴磊	58	35	87	28	30	115	353
005	一分部	钟珊珊	84	58	85	58	55	57	397
016	一分部	王石	93	28	70	65	98	45	399

图 4-86 "一分部或二分部或三分部中销售总业绩小于 500 的人员"效果图

编号	部门	姓名	一月	二月	三月	四月	五月	六月	汇总
\multicolumn{10}{|c|}{上半年图书销售业绩表}									
004	三分部	王源	52	27	25	48	87	46	285
006	三分部	赵小琴	98	59	43	118	99	87	504
010	三分部	王春兰	95	101	98	53	97	72	516
013	三分部	李开	112	25	84	123	83	90	517
	三分部 平均值								455.5
002	二分部	孟洁伦	112	26	64	45	57	88	392
003	二分部	张泽一	87	84	46	93	119	80	509
008	二分部	李艺彤	89	29	57	42	101	42	360
011	二分部	黄磊	91	94	112	77	113	101	588
014	二分部	李晓天	54	99	90	118	90	78	529
015	二分部	叶家悦	99	94	28	104	43	109	477
	二分部 平均值								475.83333
001	一分部	吴磊	58	35	87	28	30	115	353
005	一分部	钟珊珊	84	58	85	58	55	57	397
007	一分部	林一	112	73	64	90	100	81	520
009	一分部	周晓茹	44	74	62	67	56	73	376
012	一分部	刘昂	53	44	113	89	98	108	505
016	一分部	王石	93	28	70	65	98	45	399
	一分部 平均值								425
	总计平均值								451.6875

图 4-87 "按部门汇总上半年销售总额的平均值"效果图

(2) 操作要求如下：

①按照所有员工上半年的总销售量进行升序排序，并将工作表标签重命名为"上半年总销售量升序"。

②按照员工编号进行降序排序，并将工作表标签重命名为"员工编号降序"。

③按照一月销售量升序且二月销售量降序的规则进行排序，并将工作表标签重命名为"一月升序且二月降序"。

④按照"三分部、二分部、一分部"的顺序对部门进行排序，并将工作表标签重命名为"三分部、二分部、一分部排序"。

⑤筛选出二分部中一月份销售业绩大于100的人员名单，并将工作表标签重命名为"二分部中一月份销售业绩大于100的人员"。

⑥筛选出一分部、二分部或三分部中销售总业绩小于500的人员名单，并将工作表标签重命名为"一分部或二分部或三分部中销售总业绩小于500的人员"。

⑦按部门汇总上半年销售总额的平均值，并将工作表标签重命名为"按部门汇总上半年销售总额的平均值"。

项目4.5　图表

【效果展示】

制作"学生成绩表"，并根据要求制作统计图。原表如图4-88所示。

【项目要求】

1. 创建所有女生总分的三维柱形图。
2. 创建所有男生平均分的饼状图。

【知识准备】

图表是将数据更加直观地表现出来的一种形式，工作表中的数据可以使用各种图表来

项目 4　Excel 2016 电子表格　**157**

	A	B	C	D	E	F	G	H	I	J
1					学生成绩表					
2	学号	姓名	性别	高等数学	计算机	大学英语	思想品德	体育	总分	平均分
3	2021001	王雷	男	17	61	49	58	53	238	47.6
4	2021002	钟珊珊	男	95	63	63	96	61	378	75.6
5	2021003	李艺彤	男	11	36	15	44	41	147	29.4
6	2021004	孟浩伦	男	18	34	90	18	100	260	52
7	2021005	王苗	女	89	76	97	88	76	426	85.2
8	2021006	黄艺	女	66	32	56	59	64	277	55.4
9	2021007	赵小琴	女	85	26	57	61	21	250	50
10	2021008	周晓茹	女	57	60	42	16	96	271	54.2
11	2021009	叶家悦	女	20	60	95	17	76	268	53.6
12	2021010	张泽一	女	24	36	75	98	55	288	57.6
13	2021011	林一	男	27	19	17	74	84	221	44.2
14	2021012	李婵娟	男	51	62	63	19	72	267	53.4
15	2021013	刘昂	男	80	90	79	63	69	381	76.2
16	2021014	王春兰	男	71	85	75	48	59	338	67.6
17	2021015	吴磊	女	55	64	100	25	91	335	67
18	2021016	李晓天	男	97	75	97	52	88	409	81.8
19	2021017	王一凡	男	75	73	61	88	82	379	75.8
20	2021018	谢菲	女	54	48	57	94	95	348	69.6

图 4-88　学生成绩表

展示,使数据更加直观易懂。Excel 2016 可以将表格中的数据转换成不同类型的图表,直观地表示出复杂的数据,从而方便对数据的变化趋势进行比较。

4.5.1　图表的构成

图表主要由图表标题、图表区、绘图区、图例、坐标轴、坐标轴标题、数据系列、主要网格线等组成,如图 4-89 所示。

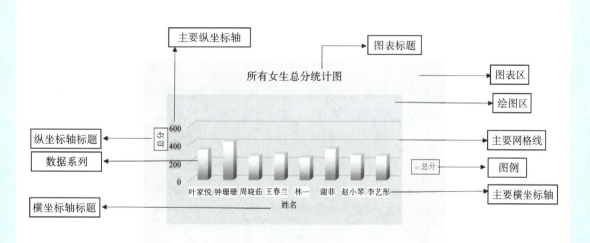

图 4-89　图表的构成

(1) 图表标题:通常位于图表的顶端,是图表的名称。
(2) 图表区:显示整个图表的全部元素,是图表的背景区域。
(3) 绘图区:包含坐标轴、主要网格线和数据系列等元素。

(4) 图例:表示图表中每个数据系列所代表的颜色含义。

(5) 坐标轴:X 轴表示数据分类,Y 轴表示数据值的大小。

(6) 坐标轴标题:用于显示 X 轴和 Y 轴的标题或名称。

(7) 数据系列:每个数据系列对应工作表中选定区域的一种数据类型。

(8) 主要网格线:类似于坐标轴的刻度线,贯穿整个绘图区域,帮助读者更好地识别数据点。

4.5.2 制作图表

制作图表时,首先需要选定用于绘制图表的数据区域,然后点击【插入】选项卡,在【图表】功能组中根据需求选择合适的图表种类。

Excel 2016 共提供了 14 种类型的图表及其组合类型,每种图表类型下还包含多个子类型,如柱形图、条形图、饼图、折线图等。

嵌入式图表是将图表作为对象与相关工作表数据一同显示在同一个工作表中。默认情况下,图表以嵌入式形式显示。

新工作表图表则是将图表作为一个独立的工作表插入工作簿中,该工作表仅包含图表,不包含相关的工作表数据。

4.5.3 编辑图表

1. 美化图表

图表的每个区域和每个元素都可以进行美化。首先选中需要美化的图表元素或区域,然后选择【图表工具—格式】选项卡,在功能区内可以完成对所选图表元素或区域的美化操作。

2. 更改图表布局及样式

【图表工具—设计】选项卡提供了多种图表样式和布局选项,可以根据需求选择对应的布局或样式。

3. 更改图表类型

在实际使用中,如果需要根据需求更换图表类型,可以通过【图表工具—设计】选项卡【类型】功能组中的【更改图表类型】功能,将现有的图表类型进行更改。

4. 移动图表

默认情况下,图表以嵌入式形式显示在数据源的工作表中。若要移动图表,可以通过【图表工具—设计】选项卡【位置】功能组的【移动图表】按钮,将图表移动到其他工作表或新建一个图表工作表来显示图表,如图 4-90 所示。

5. 删除图表

如需删除图表,可以先选中图表,然后按键盘上的【Delete】键,即可将所选图表删除。

4.5.4 更改图表元素

可以根据需要对图表中的元素进行增减操作。

首先,选中图表,然后在【图表工具—设计】选项卡【图表布局】功能组中选择【添加图表

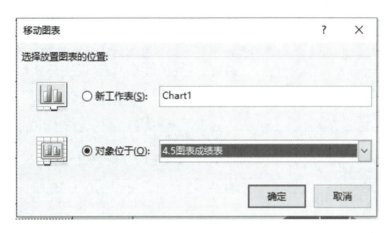

图 4-90 【移动图表】对话框

元素】按钮。在下拉列表中,会列出与图表相关的所有元素,用户可以根据需求选择增加或减少图表元素,如图 4-91 所示。另外,选中图表后,在图表的右上角还会出现一个【图表元素】按钮 ,点击它后,可以通过勾选或取消勾选复选框来确定当前图表中包含哪些元素,如图 4-92 所示。

图 4-91 【添加图表元素】下拉列表

图 4-92 通过【图表元素】按钮添加或取消图表元素

【项目实践】成绩表

1. 打开并另存 Excel 工作簿

(1) 在 Excel 2016 的工作界面中,点击【文件】选项卡中的【打开】命令。

(2) 弹出【打开】对话框后,在【地址栏】的下拉列表中选择文件所在的路径,然后在工作区中选择名为"成绩表素材.xlsx"的工作簿。完成选择后,点击【打开】按钮即可打开所选的工作簿。

(3) 选择【文件】选项卡中的【另存为】命令,选择想要保存的路径。在弹出的【另存为】对话框中,按照"学号后两位+姓名+学生成绩表"的格式输入文件名,例如"01 张三学生成绩表",然后点击【保存】按钮。

2. 创建所有女生总分的三维柱形图

在创建图表之前,首先需要选中表格中所需的所有数据。将表格按照性别进行降序排序后,所有同学将按照性别分类显示。接着,使用鼠标选中所有女生的姓名,同时按住键盘上的＜Ctrl＞键,继续选中所有女生的总分,如图4-93所示。

	A	B	C	D	E	F	G	H	I	J
1					学生成绩表					
2	学号	姓名	性别	高等数学	计算机	大学英语	思想品德	体育	总分	平均分
3	2021005	王苗	女	89	76	97	88	76	426	85.2
4	2021006	黄艺	女	66	32	56	59	64	277	55.4
5	2021007	赵小琴	女	85	26	57	61	21	250	50
6	2021008	周晓茹	女	57	60	42	16	96	271	54.2
7	2021009	叶家悦	女	20	60	95	17	76	268	53.6
8	2021010	张泽一	女	24	36	75	98	55	288	57.6
9	2021015	吴磊	女	55	64	100	25	91	335	67
10	2021018	谢菲	女	54	48	57	94	95	348	69.6
11	2021001	王雷	男	17	61	49	58	53	238	47.6
12	2021002	钟鼎鼎	男	95	63	63	96	61	378	75.6
13	2021003	李艺彤	男	11	36	15	44	41	147	29.4
14	2021004	孟洁伦	男	18	34	90	18	100	260	52
15	2021011	林一	男	27	19	17	74	84	221	44.2
16	2021012	李婷婷	男	51	62	63	19	72	267	53.4
17	2021013	刘昂	男	80	90	79	63	69	381	76.2
18	2021014	王春兰	男	71	85	75	48	59	338	67.6
19	2021016	李晓天	男	97	75	97	52	88	409	81.8
20	2021017	王一凡	男	75	73	61	88	82	379	75.8

图4-93 选择创建图表数据(1)

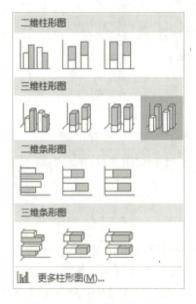

图4-94 选择图表类型(1)

然后,通过【插入】选项卡中的【图表】功能组,选择【插入柱形图】功能,并在下拉列表框中选择【三维柱形图】,如图4-94所示。此时,根据刚刚选中的数据区域,系统将创建一个三维柱形图,如图4-95所示。

3. 创建所有男生平均分的饼状图

将表格按照性别升序排序后,所有同学将按性别分类显示。接着,使用鼠标选中所有男生的姓名,同时按住键盘上的＜Ctrl＞键,继续选中所有男生的平均分,如图4-96所示。

然后,选择【插入】选项卡,在【图表】组中点击【推荐的图表】,在弹出的【插入图表】对话框中,选择【所有图表】选项卡,并从中选择【饼图】,如图4-97所示。点击【确定】按钮后,即可根据选中的数据创建一个饼图,如图4-98所示。

若对添加的图表不满意,可在图表区域内右击鼠标,选择【更改图表类型】,在弹出的【更改图表类型】对话框中选择想要更改的新图表类型,然后点击【确定】按钮即可。

图表由多个部分组成,以三维柱形图为例,包括图表区、绘图区、图表标题、坐标轴、数据

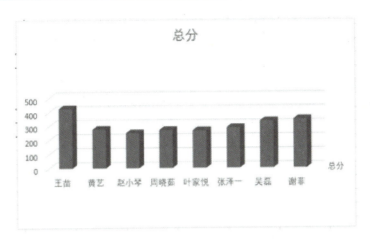

图 4-95　所有女生总分的三维柱形图

	A	B	C	D	E	F	G	H	I	J
1	学生成绩表									
2	学号	姓名	性别	高等数学	计算机	大学英语	思想品德	体育	总分	平均分
3	2021001	王雷	男	17	61	49	58	53	238	47.6
4	2021002	钟珊珊	男	95	63	63	96	61	378	75.6
5	2021003	李艺彤	男	11	36	15	44	41	147	29.4
6	2021004	孟洁伦	男	18	34	90	18	100	260	52
7	2021011	林一	男	27	19	17	74	84	221	44.2
8	2021012	李婷婷	男	51	62	63	19	72	267	53.4
9	2021013	刘昂	男	80	90	79	63	69	381	76.2
10	2021014	王春兰	男	71	85	75	48	59	338	67.6
11	2021016	李晓天	男	97	75	97	52	88	409	81.8
12	2021017	王一凡	男	75	73	61	88	82	379	75.8
13	2021005	王苗	女	89	76	97	88	76	426	85.2
14	2021006	黄艺	女	66	32	56	59	64	277	55.4
15	2021007	赵小琴	女	85	26	57	61	21	250	50
16	2021008	周晓茹	女	57	60	42	16	96	271	54.2
17	2021009	叶家悦	女	20	65	95	17	76	268	53.6
18	2021010	张泽一	女	24	36	75	98	55	288	57.6
19	2021015	吴磊	女	55	64	100	25	91	335	67
20	2021018	谢菲	女	54	48	57	94	95	348	69.6

图 4-96　选择创建图表数据(2)

图 4-97　选择图表类型(2)

图 4-98　所有男生平均分饼图

系列、图例等。可以通过【图表工具—设计】选项卡【图表布局】功能组中的【添加图表元素】功能来添加坐标轴、轴标题、图表标题、数据标签、数据表、图例等元素的位置，如图 4-99 所示。

另外，选择【图表工具—格式】选项卡，在【当前所选内容】功能组中点击【设置所选内容格式】选项，将在表格右侧弹出导航窗格。以【设置绘图区格式】为例，如图 4-100 所示，可以通过导航窗格对图表的各个对象的外观进行美化设置。

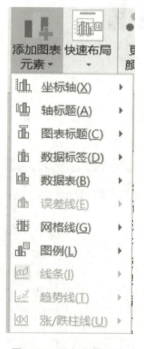

图 4-99　添加图表元素

图 4-100　【设置绘图区格式】对话框

【随堂练习九】制作"第一学期支出统计图"

（1）制作张同学的"第一学期支出统计图"，效果如图 4-101 所示。

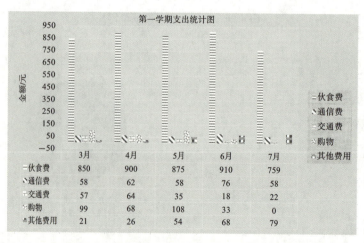

图 4-101　张同学的"第一学期支出统计图"

(2)操作要求如下。

①制作本学期的支出明细统计柱形图。

②图表区的颜色设置为"浅灰色,背景2,深色10%"。

③绘图区的颜色设置为"蓝色,个性色1,淡色60%"。

④图例使用"新闻纸"纹理进行填充,并显示在图表的右侧。

⑤图表标题为"第一学期支出统计图",采用"点线25%"的图案进行填充,前景色为"绿色",背景色为"白色"。

⑥主要纵坐标的标题为"金额/元"。

⑦为五组柱形图分别设置不同的图案填充。

【随堂练习十】制作"图书借阅统计图"

(1)按要求制作图书馆的"图书借阅统计图",效果如图4-102、图4-103所示。

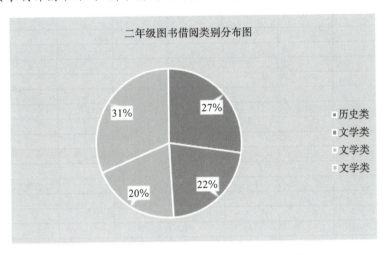

图4-102 "二年级图书借阅类别的分布饼图"效果

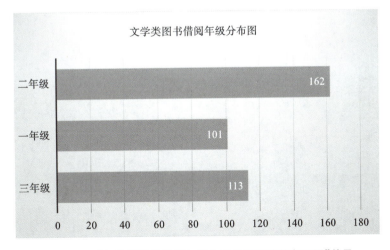

图4-103 "文学类图书借阅年级分布的三维簇状条形图"效果

(2)操作要求如下。

①制作二年级图书借阅类别的分布饼图。

②饼图的图表标题采用"花束"纹理进行填充。
③饼图的图表区使用"浅绿色,透明度20%"进行填充。
④将饼图的布局形式设置为快速布局中的"布局6"。
⑤制作文学类图书借阅年级分布的三维簇状条形图。
⑥按照效果图所示添加坐标轴标题。
⑦将三维簇状条形图的图表样式设置为"样式3"。

项目 5　PowerPoint 2016 演示文稿

演示文稿是微软公司开发的 Office 系列软件中的一个重要组成部分。它是一款功能强大的图形化程序,能够帮助用户创造出具有持久视觉效果的演示内容。在演讲、商务交流、产品推广、培训、市场营销分析以及文化宣传等多种工作场合中,演示文稿都有着广泛的应用。基于演示文稿制作的文稿,不仅可以采用多种方式进行播放,还可以按页打印出幻灯片。这种方式既方便了人们之间的信息交流,又有助于听众更好地理解发言者的意图。本项目将学习 PowerPoint 演示文稿的创建、美化、应用模板以及制作动画等操作技巧。

项目 5.1　制作"工匠精神"演示文稿

【效果展示】

"工匠精神"演示文稿效果图,如图 5-1 所示。

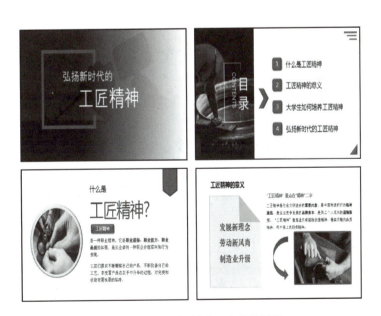

图 5-1　"工匠精神"演示文稿效果图

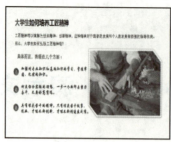

续图 5-1

【项目要求】

1. 新建一个演示文稿并保存,文档名称格式为"学号+姓名"。

2. 在演示文稿中新增 7 张幻灯片,根据每张幻灯片所需效果选择合适的版式,或者选择"空白"版式。

3. 第一张幻灯片需插入背景图片,并在其上覆盖一个"矩形"形状。设置该"矩形"的填充色为黑白渐变色,并调整其透明度。

4. 第二张幻灯片中,"燕尾形"形状应设置"艺术装饰"棱台效果;序号所在的"矩形"形状则设置【右下斜偏移】阴影和【凸起】棱台效果。

5. 第三张幻灯片左侧圆形使用图片填充,形状轮廓为灰色且宽度为 15 磅,并设置"草皮"棱台效果;右上角"五边形"需旋转至效果图所示方向,并设置"角度"棱台效果。正文段落上方的"矩形"形状则设置"艺术装饰"棱台效果。

6. 第四张幻灯片左侧"折角形"形状需进行旋转,并通过编辑顶点功能调整为效果图中的样式。同时,将文本框中相应文字加粗,并确保图片边框线条颜色与"左弧形箭头"的填充色一致。

7. 第五张幻灯片中,数字标号所在的"圆形"应设置【柔圆】棱台效果;图片样式则设置为"剪去对角,白色"。

8. 第六张幻灯片需插入 5 个高度和宽度均为 7 厘米的"圆形",并利用图片填充。轮廓颜色选择"白色,背景 1 深色 5%",并为这 5 个"圆形"设置发光效果,具体为"灰色-50%,18pt 发光,个性色 5"。

9. 第七张幻灯片中的"云形"填充色应与艺术字填充色相同,并根据效果图调整所插入图片的位置。

【知识准备】

5.1.1　PowerPoint 2016 基本操作

PowerPoint 2016 的启动操作步骤为:选择【开始】菜单中的【PowerPoint 2016】命令,随后软件会提示新建一个空白演示文稿,如图 5-2 所示。

图 5-2　PowerPoint 2016 界面

在 PowerPoint 中,文档即为演示文稿。打开和退出演示文稿的操作步骤与打开和退出 Word 2016、Excel 2016 的操作步骤相似。

工作界面主要包括以下区域:标题栏、功能区、大纲窗格、幻灯片窗格、备注窗格以及视图切换区。每个区域的具体作用如下。

标题栏:位于窗口最顶端,由文件名、控制菜单图标和控制按钮组成。

功能区:对演示文稿进行编辑操作的主要区域。

大纲窗格:位于界面左侧,主要用于插入、复制、删除和移动幻灯片,同时可显示幻灯片的文字内容。

幻灯片窗格:位于界面中心位置,用于制作、编辑和设定能够生动反映幻灯片整体效果的元素。

备注窗格:位于幻灯片窗格的下方,用于为演讲者提供提示信息,可给每张幻灯片添加备注。

视图切换区:位于界面最下方,包含四个按钮:普通视图、幻灯片浏览、阅读视图和幻灯片放映。

【普通视图】按钮:切换到普通视图模式,这是 PowerPoint 2016 演示文稿打开的默认视图模式,集成了大纲视图、幻灯片视图和备注页视图。

【幻灯片浏览】按钮:切换到幻灯片浏览视图模式,所有幻灯片在此视图下整齐排列,方便用户进行整体浏览,同时也可进行复制、移动、删除多张幻灯片以及调整幻灯片的背景和主题等操作。

【阅读视图】按钮：切换到阅读视图模式，用户可通过"上一张"和"下一张"按钮进行幻灯片切换。

【幻灯片放映】按钮：切换到幻灯片放映模式，此模式下可全屏显示幻灯片，包括图像、文字、影片、动画等动画效果以及幻灯片切换效果。

5.1.2 演示文稿结构

一个完整的 PPT 作品，即演示文稿，包含的页面内容可分为五种：封面、目录、转场页、内容页和封底。

封面是演示文稿的序幕页，好的封面一开场就能夺人眼球，内容通常显示标题、副标题、作者等信息。

目录是演示文稿主要展示内容的提纲，它是演示文稿的"骨架"，一般都包含了演示文稿的内容概要。

转场页是目录到内容页的过渡，目录中有几条主要"脉络"，就对应有几个转场页，这样便于页面按照目录分段展示，尤其是当演示文稿内容较多时。转场页能对发言者起到引导作用，使演示文稿的层次更加清晰。

内容页是演示文稿的主体部分。

封底也叫结束页，是演示文稿的闭幕页，通常放置致谢的文字。

5.1.3 版式设置

通过【开始】选项卡【幻灯片】功能组，可以根据幻灯片的整体内容来选择并设置合适的幻灯片版式，如图 5-3 所示。

图 5-3　设置版式

5.1.4 插入和编辑艺术字

通过插入艺术字,可以在幻灯片中实现许多特殊的文字效果。操作步骤是:点击【插入】—【艺术字】,在艺术字库中选择一种艺术字样式,如图 5-4 所示。

图 5-4　插入艺术字

编辑完艺术字文字后,可以对其进行美化。选择艺术字,然后选择【绘图工具—格式】选项卡,可以修改的内容包括形状填充、形状轮廓、形状效果、文本填充、文本轮廓、文字效果以及艺术字样式,如图 5-5 所示。如果想要进行更精细的造型和文字设计,可以用鼠标右键单击艺术字,选择【设置形状格式】,此时右侧会弹出【设置形状格式】窗格,如图 5-6 所示。

图 5-5　艺术字格式设置

图 5-6　【设置形状格式】窗格

5.1.5 插入和编辑图片

选择要插入图片的幻灯片,然后点击【插入】选项卡,在【图像】功能组中选择图片来源。来源分为图片、联机图片、屏幕截图和相册四种,其中图片是最常用的。单击【图片】按钮后,在弹出的【插入图片】对话框中选择图片,如图 5-7 所示。

对插入的图片通常需要进行大小调整、位置移动、背景删除等设置。操作步骤是:选择图片,然后选择【图片工具—格式】选项卡,在【调整】功能组、【图片样式】功能组、【排列】功能组和【大小】功能组中进行设置,如图 5-8 所示。

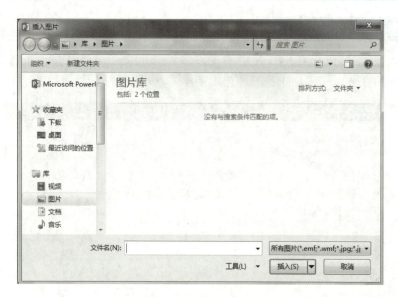

图 5-7 【插入图片】对话框

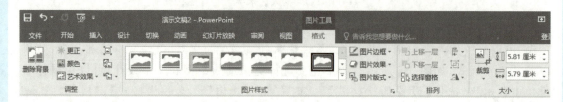

图 5-8 设置图片

另外，图片的属性也可以通过任务窗格进行设置。操作步骤是：用鼠标右键单击图片，选择【设置图片格式】，此时窗口右侧会弹出【设置图片格式】任务窗格，如图 5-9 所示。

图 5-9 【设置图片格式】任务窗格

5.1.6 插入和编辑形状

幻灯片的美化效果很大程度上来自形状的添加，这可以极大地丰富幻灯片的内容。操作步骤是：选择【插入】选项卡，在【插图】功能组中点击【形状】按钮，然后在弹出的【形状】列表中选择合适的形状，并在幻灯片编辑页面上拖动鼠标以绘制该形状，如图 5-10 所示。

图 5-10　插入形状

对于形状,可以通过编辑顶点功能来修改其原始形态。操作步骤是:选择需要修改的形状,在【绘图工具—格式】选项卡中的【编辑形状】功能组选择【编辑顶点】按钮,如图 5-11 所示。此外,对形状可以进行纯色填充、渐变色填充、图案填充或图片填充。在形状中编辑的文字也可以设置文本填充、文本轮廓和文字效果。为了更精确地设计形状,还可以通过【设置形状格式】任务窗格来进行操作,其具体操作方法与设置艺术字的方法相同。

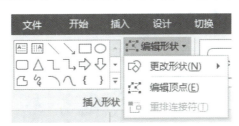

图 5-11　编辑顶点

5.1.7　插入和编辑文本框

幻灯片中的段落文本信息主要通过文本框来展示。操作步骤是:选择【插入】选项卡,在【文本】功能组中点击【文本框】按钮,然后在弹出的【文本框】选项中选择【横排文本框】或【竖排文本框】。接下来,在幻灯片编辑页面上拖动鼠标以绘制文本框,并在其中录入文本信息。

文本框可以设置形状填充、形状轮廓和形状效果,而文本框内的文本内容也可以设置文本填充、文本轮廓和文本效果。这些设置的具体操作步骤与设置艺术字的步骤相似。

【随堂练习一】制作"梦想小队"演示文稿

(1) 演示文稿效果图如图 5-12 所示。
(2) 操作要求如下。
①新建一个演示文稿。
②保存文档,并将文档命名为"学号+姓名"的格式。

图 5-12 "梦想小队"演示文稿效果图

③插入艺术字,内容为"梦想小队",字体选择华文琥珀,字号设置为 40 磅。
④团队成员图片的高度设置为 6.22 厘米,宽度则锁定纵横比自适应调整。
⑤团队成员图片后面的形状应设置为渐变色填充,并去除轮廓边框。
⑥团队成员下方的"矩形"形状效果应设置为【棱台】中的【艺术装饰】效果。
⑦"箭头"形状的阴影效果应设置为【内部右上角】。
⑧"矩形"的填充色应与"箭头"的填充色保持一致。

【随堂练习二】制作"企业文化"演示文稿

(1)演示文稿效果图如图 5-13 所示。

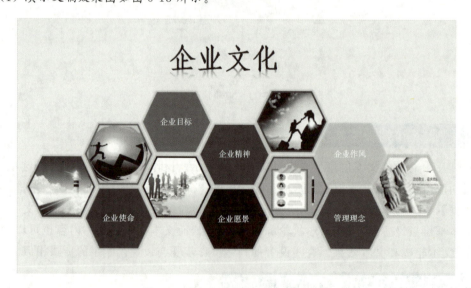

图 5-13 "企业文化"演示文稿效果图

(2)操作要求如下。
①新建一个演示文稿。
②保存文档,并将文档命名为"学号+姓名"的格式。

③插入艺术字,内容为"企业文化",字体选择华文仿宋,字号设置为 60 磅,文字效果设为"紧密映像,接触"。

④插入 12 个六边形形状,每个六边形的高度设为 4.42 厘米,宽度设为 5.18 厘米。这 12 个六边形分为六组,每组包含两个六边形,且同一组中,一个六边形的边框颜色与另一个六边形的填充颜色相同,具体效果如图 5-14 所示。

微课:插入并编辑六边形

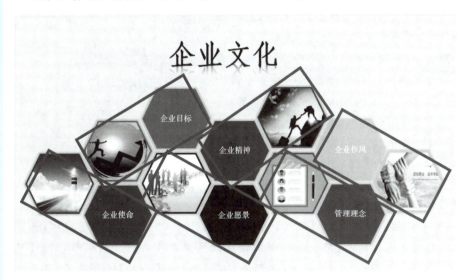

图 5-14　六边形分组

⑤根据效果图,对 12 个六边形进行排版。

⑥根据效果图,将其中 6 个六边形的填充色设置为图片填充。

⑦为 12 个六边形设置形状效果为发光,具体效果如图 5-15 所示。

图 5-15　设置发光效果

【项目实践】制作"工匠精神"演示文稿

制作"工匠精神"演示文稿的操作步骤如下。

(1) 新建一个演示文稿,并新建 7 张"空白"版式的幻灯片。随后,选择【文件】|【另存为】,将演示文稿重命名为"学号+姓名"的格式并保存在桌面上。

(2) 在第一张幻灯片中,选择【插入】|【图片】,从素材库中插入背景图。接着,选择【插入】|【形状】,并选择"矩形"。设置该矩形的填充色为黑白渐变色,渐变光圈的位置及透明度需参照图 5-16 进行设置。此外,还需插入素材库中的图片及两行艺术字。第一行艺术字的字号设为 48 磅,填充色为白色;第二行艺术字的字号设为 88 磅,同样填充白色。

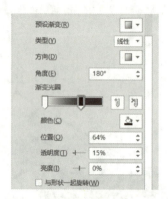

图 5-16 填充设置

(3) 在第二张幻灯片中,首先选择【插入】|【图片】,并按效果图(见图 5-1)对左侧背景图进行裁剪。然后,选择【插入】|【艺术字】,编辑竖排艺术字,其中左侧艺术字的字号为 30 磅,填充白色;右侧艺术字的字号为 60 磅,字体为微软雅黑,同样填充白色。接着,选择【插入】|【形状】,分别插入"燕尾形"和"矩形",并根据效果图设置它们的填充色。同时,将长条矩形的轮廓设置为灰色,并为"燕尾形"添加【艺术装饰】棱台效果,为序号所在的"矩形"添加【右下斜偏移】阴影和【凸起】棱台效果(具体效果见图 5-17、图 5-18)。最后,在"矩形"上用鼠标右键单击选择【编辑文字】,按效果图输入相应的文本内容。

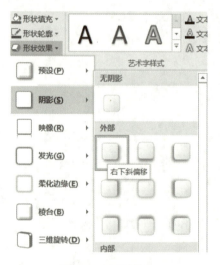

图 5-17 阴影效果

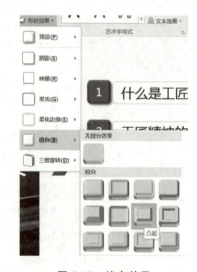

图 5-18 棱台效果

(4) 在第三张幻灯片中,选择【插入】|【形状】,并选择"圆形"。根据效果图设置该圆形的填充色为图片,轮廓为灰色 15 磅实线,并为其添加【草皮】棱台效果。接着,选择【插入】|【文本框】,并选择【横排文本框】,按效果图输入四个文本框的内容,并分别设置它们的字体属性(从上到下依次为"微软雅黑、32 磅""微软雅黑、60 磅""华文中宋、20 磅""华文中宋、20 磅")。然后,再次选择【插入】|【形状】,并选择"矩形",根据效果图设置其填充色、无轮廓、阴影效果(右下斜偏移)和棱台效果(艺术装饰)。

(5) 在第四张幻灯片中,选择【插入】|【形状】,并选择"折角形"。将该折角形向左旋转 90 度,并通过编辑顶点功能对折角处进行修改(具体效果见图 5-19)。接着,选择【插入】|【文本框】,并选择【横排文本框】,按效果图插入两个文本框的内容,并分别设置它们的字体属性(从上到下依次为"思源黑体、20 磅、红色个性色 1""华文细黑、18 磅")。第二个文本框需按效果图加粗相应的文本内容。然后,选择【插入】|【形状】,并选择"左弧形箭头",按效果图设置其填充色。最后,选择【插入】|【图片】,按效果图选取素材库中的图片,并调整其大小和位置。同时,设置该图片的边框为 6 磅,颜色与"左弧形箭头"的填充色一致。

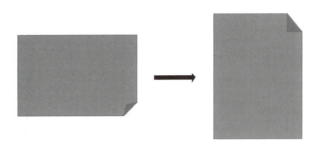

图 5-19 "折角形"变形

(6) 在第五张幻灯片中,选择【插入】|【文本框】,并选择【横排文本框】,按效果图插入六个文本框的内容,并分别设置它们的字体属性(从上到下依次为"思源黑体、28 磅""华文细黑、18 磅""等线、20 磅、红色个性色 1""华文行楷、20 磅""华文行楷、20 磅""华文行楷、20 磅")。接着,选择【插入】|【形状】,并选择"圆形"。设置该圆形的高度和宽度均为 1 厘米,并在其上右键单击编辑文字,输入相应的文本信息。同时,设置该圆形的字体属性为"华文行楷、18 磅、白色",并为其添加【柔圆】棱台效果。最后,选择【插入】|【图片】,按效果图在素材库中选择对应的图片,并设置合适的大小和位置。同时,为该图片设置样式为【剪去对角,白色】,如图 5-20 所示。

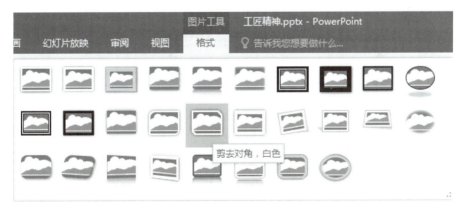

图 5-20 设置图片样式

(7) 在第六张幻灯片中,首先选择【插入】|【形状】,并选择"矩形"。设置两个背景色的矩形填充色,并为它们添加【内部右上角】阴影效果。接着,选择【插入】|【艺术字】,按效果图录入文本信息,并设置艺术字的字体属性为"思源黑体、28 磅"。然后,再次选择【插入】|【形状】,并选择"圆形"。设置该圆形的高度和宽度均为 7 厘米,并按效果图设置五个圆形的填充色为图片。同时,设置它们的轮廓为 6 磅的"白色,背景 1,深色 5%",并为其添加发光效

果(具体效果见图 5-21)。此外,还需按效果图设置这五个圆形的叠放次序。最后,选择【插入】|【文本框】,并选择【横排文本框】,按效果图编辑文本信息,并设置字体属性为"华文仿宋、20 磅、白色"。

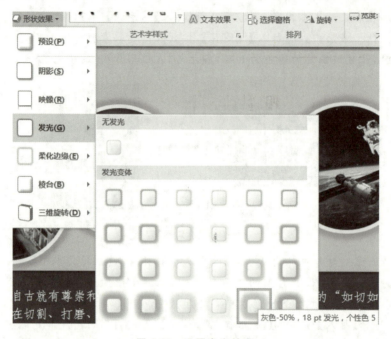

图 5-21　设置发光效果

(8) 在第七张幻灯片中,首先打开该幻灯片,并选择【插入】|【图片】。从素材库中插入"山"和"树干"两个图片,并设置它们的叠放次序和位置。接着,选择【插入】|【形状】,并选择"云形"。插入八个云形,并按效果图设置它们的填充色和位置。最后,选择【插入】|【艺术字】,按效果图插入两行艺术字,并设置它们的字体属性为"华文新魏、60 磅"。同时,利用"取色器"将艺术字的填充色与云形的填充色设置为一致。

项目 5.2　制作"创新精神"演示文稿

【效果展示】

"创新精神"演示文稿效果图如图 5-22 所示。

图 5-22　"创新精神"演示文稿效果图

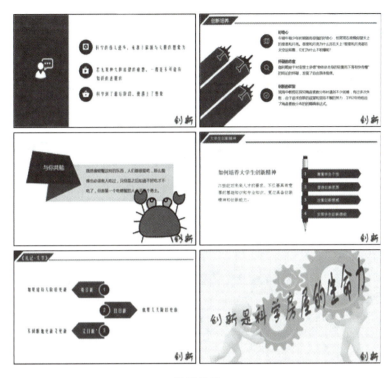

续图 5-22

【项目要求】

1. 新建一个演示文稿，并保存文档，文档名称设置为"学号＋姓名"的格式。

2. 在演示文稿中添加 8 张幻灯片，使用母版功能在右下角添加"创新"文字，并为其设置阴影效果。

3. 在第一张幻灯片中插入艺术字，并为其设置映像效果；同时插入一张图片。

4. 在第二张幻灯片中插入一个文本框，段落设置为"图片"类型的项目符号；再插入一张图片，并为该图片设置阴影效果。

5. 在第三张幻灯片中插入形状、图片和文本框，根据效果图设置它们的填充色、位置和叠放层次；三个文本框的字体设置为方正姚体，字号为 24 磅，行距为 1.5 倍。

6. 在第四张幻灯片中插入形状、图片、文本框和艺术字；文本框的字体设置为微软雅黑，字号为 18 磅，行距为 1.3 倍；标题艺术字的字体也设置为微软雅黑，字号为 24 磅。

7. 在第五张幻灯片中插入形状，并通过编辑顶点功能进行变形；再插入一个文本框，字体设置为微软雅黑，字号为 20 磅；接着插入一张图片，调整其尺寸和位置；最后插入艺术字，字体设置为微软雅黑，字号为 28 磅。

8. 在第六张幻灯片中插入形状、文本框、图片和艺术字，根据效果图进行设置；文本框和艺术字的字体使用华文宋体；铅笔图片从素材库中选取。

9. 在第七张幻灯片中插入形状、艺术字和文本框，字体设置为方正姚体，字号为 24 磅。

10. 第八张幻灯片设置背景为素材库中的图片，并设置其透明度为 70%；再插入艺术字，并为其设置"红色蓝色"渐变色；将艺术字的文本效果设置为"左远右近"的转换效果，并根据效果图调整其位置和方向。

【知识准备】

5.2.1 插入和编辑表格

选择要插入表格的幻灯片，点击【插入】选项卡，在【表格】功能组中点击【表格】按钮。在下拉菜单中，可以选择手动插入表格或者通过【插入表格】对话框来设置初始表格的列数和行数，然后创建表格，如图 5-23 所示。

图 5-23 插入表格

插入的表格可以通过鼠标左键拖曳其周围的小白圈来调整大小。此外，还可以通过设置表格样式来改变表格的配色方案。具体操作步骤是：首先选中表格，然后选择【表格工具—设计】选项卡，在【表格样式】功能组中进行相应的设置，如图 5-24 所示。

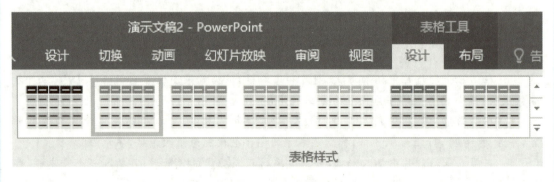

图 5-24 设置表格样式

表格的列数和行数是可以变化的，可以通过增减来实现。具体操作步骤是：选中表格，选择【表格工具—布局】选项卡，在【行和列】功能组中进行设置。同时，表格中每个单元格的行高和列宽也可以进行精确设置。只需在【单元格大小】功能组中的【高度】和【宽度】文本框后输入相应的数据值即可。此外，单元格中数据的对齐方式可以通过【对齐方式】功能组中的 6 个按钮进行设置，如图 5-25 所示。

图 5-25 【表格工具—布局】选项卡

5.2.2 插入和编辑图表

选择要插入图表的幻灯片，点击【插入】选项卡，在【插图】功能组中点击【图表】按钮。在弹出的【插入图表】对话框中，选择所需的图表样式，如图 5-26 所示。

选定图表类型后，图表将自动生成，并附带一个数据源表格。该表格中的数据是可以修改的，以满足用户的需求，如图 5-27 所示。

图 5-26 插入图表

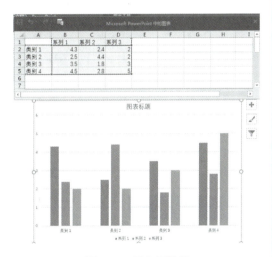

图 5-27 图表源数据

图表中的绘图区、图表区、图例以及系列的填充色等的设置与在 Excel 2016 中操作图表相同，可以通过右侧的任务窗格来进行。

5.2.3 插入音频

选择要插入音频的幻灯片，点击【插入】选项卡，在【媒体】功能组中点击【音频】按钮，然后从下拉菜单中选择要插入的音频文件，如图 5-28 所示。

对音频文件可以进行裁剪，操作方法是：选中音频文件后，选择【音频工具—播放】选项卡，在【编辑】功能组中进行裁剪设置。此外，还可以设置音频的淡入和淡出持续时间。在【音频选项】功能组和【音频样式】功能组中，可以设置许多播放属性，如图 5-29 所示。

幻灯片中音频图标的属性设置与形状的属性设置类似。具体操作步骤是：选中音频图标后，选择【音频工

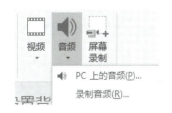

图 5-28 插入音频

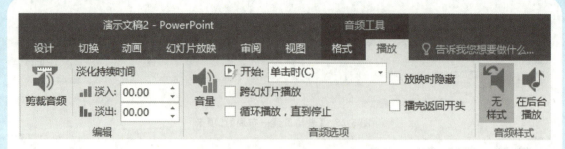

图 5-29 【音频工具—播放】选项卡

具—格式】选项卡,然后在各个功能组中进行相应的设置,如图 5-30 所示。

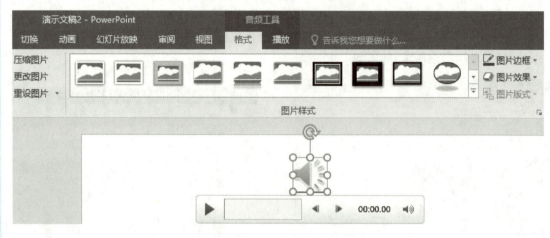

图 5-30 【音频工具—格式】选项卡

5.2.4 插入视频

选择要插入视频的幻灯片,点击【插入】选项卡,在【媒体】功能组中点击【视频】按钮,然后从下拉菜单中选择要插入的视频文件,如图 5-31 所示。

图 5-31 插入视频

视频文件的编辑操作与音频文件的编辑操作类似,可以按照编辑音频文件的相同步骤来编辑视频文件,如图 5-32 所示。

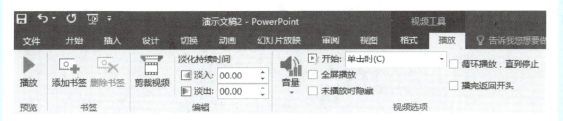

图 5-32 【视频工具—播放】选项卡

5.2.5 设置页眉和页脚

在编辑演示文稿时,可以为每一张幻灯片添加页眉和页脚。具体操作步骤是:点击【插入】选项卡,在【文本】功能组中点击【页眉和页脚】按钮,然后在弹出的【页眉和页脚】对话框中进行相关设置,如图 5-33 所示。

图 5-33 设置页眉和页脚

需要注意的是,【应用】按钮只会对当前选中的幻灯片进行页眉和页脚的设置,而【全部应用】按钮则会对当前演示文稿中的所有幻灯片进行统一的页眉和页脚设置。

5.2.6 设计幻灯片母版

母版是一种允许用户自定义模板和版式的工具,它用于定义幻灯片的整体外观和布局,包括幻灯片背景、标题和文本的样式等。具体操作步骤是:点击【视图】选项卡,在【母版视图】功能组中点击【幻灯片母版】按钮,如图 5-34 所示,然后在打开的母版幻灯片中编辑所需内容。

完成母版幻灯片的编辑后,点击【关闭母版视图】按钮,此时演示文稿中的所有幻灯片都将应用所编辑的母版对象。如果不希望应用当前母版幻灯片,可以选择其他版式进行修改。

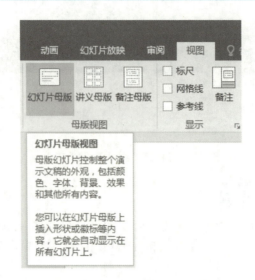

图 5-34 【幻灯片母版】按钮

【随堂练习三】制作"周工作计划表"演示文稿

(1) 演示文稿效果图如图 5-35 所示。

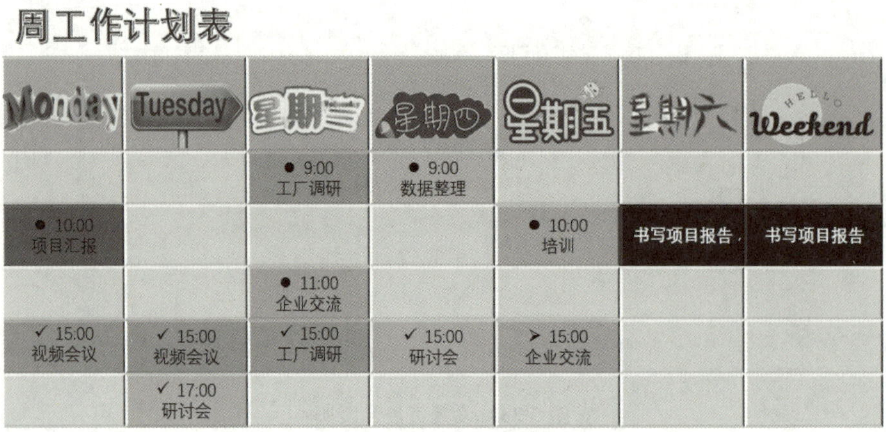

图 5-35 "周工作计划表"演示文稿效果图

(2) 操作要求如下。

①新建一个演示文稿。

②保存文档,并将文档命名为"学号+姓名"的格式。

③在第三行第二列插入艺术字,内容为"周工作计划表",字体设置为等线,字号为 40 磅,加粗处理,文本填充为深蓝色,文本轮廓为白色。

④设置表格结构为 6 行 7 列,其中第一行高度为 3.5 厘米,其余行高度均为 2 厘米,所有列的宽度均设置为 4.77 厘米。

⑤根据效果图设置单元格的填充色。

⑥根据效果图插入图片,并调整其尺寸和位置以符合要求。

⑦设置所有单元格的效果为【单元格凹凸效果】中的【冷色斜面】。

⑧根据效果图在指定单元格中输入内容,并设置相应的项目符号以及正确的字体颜色。

【随堂练习四】制作"员工工资图表"演示文稿

(1) 演示文稿效果图如图 5-36 所示。

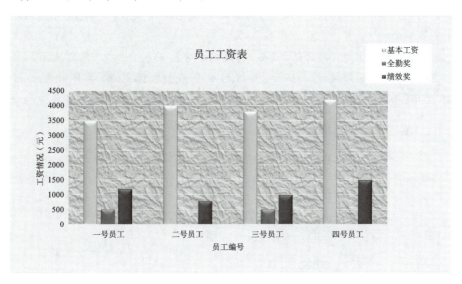

图 5-36 "员工工资图表"演示文稿效果图

(2) 操作要求如下。
①新建一个演示文稿。
②保存文档,并将文档命名为"学号+姓名"的格式。
③在演示文稿中插入一个簇状柱形图。
④根据图 5-37 所示,修改图表中的数据。

微课:编辑美化图表

图 5-37 图表中数据修改

⑤将图例的位置设置为"右上角"。
⑥根据效果图,修改图表区、三个系列柱形图以及图例的填充色。绘图区的填充色设置为"纸袋"纹理,并调整其透明度为 50%。同时,为三个系列柱形图设置【圆形】棱台效果。
⑦将横轴、纵轴以及图例的数据字体设置为华文仿宋,字号为 16 磅,并加粗显示。
⑧根据效果图,调整图表的尺寸以符合要求。

【项目实践】制作"创新精神"演示文稿

制作"创新精神"演示文稿的操作步骤如下。

(1) 新建一个演示文稿，添加 8 张"空白"版式的幻灯片。选择【文件】|【另存为】，将演示文稿以"学号＋姓名"的格式命名并保存在桌面上。

(2) 进入【视图】|【幻灯片母版】，在母版编辑页面选择第一张幻灯片。随后，选择【插入】|【艺术字】，输入"创新"二字，并设置艺术字字体为"方正舒体"、字号为 54 磅、颜色为深蓝色。接着，为艺术字添加【左上斜偏移】阴影效果。完成设置后，选择【关闭母版视图】，返回幻灯片编辑页面。

(3) 在第一张幻灯片中，再次选择【插入】|【艺术字】，设置字体为"华文琥珀"、字号为 80 磅，并填充蓝色到红色的渐变色。然后，为该艺术字添加映像效果，具体效果如图 5-38 所示。接着，选择【插入】|【图片】，插入素材库中的图片，并根据效果图调整其尺寸和位置。

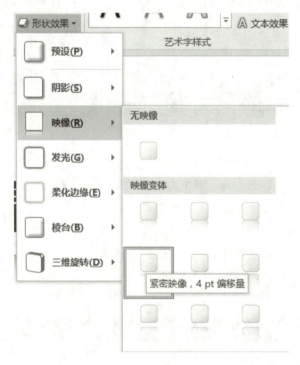

图 5-38　映像效果

(4) 在第二张幻灯片中，选择【插入】|【文本框】，根据效果图输入文本信息，并设置字体为"华文隶书"、字号为 25 磅、加粗。选中 6 个段落，单击【开始】选项卡中的【项目符号】按钮，选择【项目符号和编号】，在弹出的对话框（见图 5-39）中选择【图片】按钮，并从素材库中选择对应的图片。此外，插入另一张图片，并设置其尺寸和位置。接着，选择【绘图工具—格式】选项卡，为图片添加【右上对角透视】阴影效果。

(5) 选择第三张幻灯片，点击【插入】|【形状】，选择"矩形"。设置矩形的填充色为红色，高度为 19.05 厘米，宽度为 10 厘米，并根据效果图调整矩形的位置。接着，点击【插入】|【图片】，从素材库中选择图片，并根据效果图调整红色矩形与图片的叠放次序以及图片的尺寸。再次点击【插入】|【图片】，插入三张图片并置于三个文本框左侧，设置这三张图片的高度和宽度均为 2.57 厘米。最后，点击【插入】|【文本框】，选择【横排文本框】，根据效果图输入文本框内容，并设置字体属性为"方正姚体、24 磅"。

(6) 选择第四张幻灯片，点击【插入】|【形状】，根据效果图依次插入三角形、平行四边

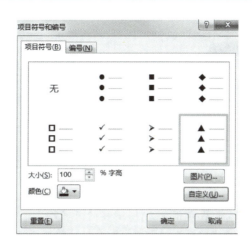

图 5-39 项目符号和编号

形、直线和斜纹形状。通过编辑顶点、旋转等功能,调整这些形状的位置和大小。设置三角形和直线的填充色为深蓝色,平行四边形和斜纹的填充色为红色。接着,点击【插入】|【图片】,从素材库中选择飞机图片,并根据效果图调整飞机的角度和位置,同时设置飞机与斜纹形状的叠放次序。再次点击【插入】|【图片】,插入三张图片作为段落前的图标,并设置这三张图片的高度和宽度均为 2.38 厘米。最后,点击【插入】|【文本框】,选择【横排文本框】,根据效果图输入文本框内容,并设置小标题的字体属性为"微软雅黑、18 磅、加粗、深蓝色",正文的字体属性为"微软雅黑、18 磅"。

(7) 选择第五张幻灯片,点击【插入】|【文本框】,选择【横排文本框】,并根据效果图输入文本框内容。设置字体属性为"微软雅黑、20 磅",段落属性为"双倍行距"。接着,点击【插入】|【形状】,选择"梯形",并通过编辑顶点根据效果图进行变形。然后,再次点击【插入】|【形状】,选择"三角形",并根据效果图调整其尺寸和方向(如图 5-40 所示)。接着,点击【插入】|【形状】,选择"矩形",通过编辑顶点功能将矩形的左上角顶点平行向右移动,并根据效果图调整矩形的高度和宽度(如图 5-41 所示)。最后,点击【插入】|【图片】,从素材库中选择对应的

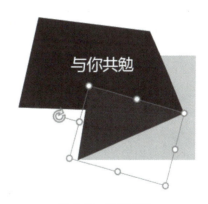

图 5-40 形状变形

图片,并设置合适的大小和位置。同时,设置形状、文本框、图片等多媒体对象的叠放次序。

(8) 选择第六张幻灯片,将第四张幻灯片顶部的三角形、平行四边形、直线复制到当前幻灯片中。接着,点击【插入】|【文本框】,选择【横排文本框】,并根据效果图编辑文本框内容。设置上方文本框的字体属性为"华文宋体、28 磅、加粗、深蓝色",下方文本框的字体属性为"华文宋体、22 磅",段落属性为 1.3 倍行距。然后,点击【插入】|【图片】,从素材库中选择铅笔图片,并根据效果图调整其尺寸和位置。接着,点击【插入】|【形状】,选择"五边形",并设置其高度为 1.11 厘米、宽度为 7.72 厘米。根据效果图设置四个五边形的填充色为红色,并调整它们的叠放次序。最后,点击【插入】|【艺术字】,根据效果图在五边形上录入文本信息,并设置艺术字的字体属性分别为"华文宋体、24 磅、白色"和"华文宋体、20 磅、白色"。

图 5-41 设置"矩形"

（9）打开第七张幻灯片，将第六张幻灯片顶部的三角形、平行四边形、直线复制到当前幻灯片中。接着，点击【插入】|【形状】，选择"五边形"，并将其水平翻转。设置五边形的高度为 2.8 厘米、宽度为 6.2 厘米，并填充红色。然后，点击【插入】|【形状】，选择"圆形"，并设置其高度和宽度均为 2 厘米，轮廓为"3 磅实线、白色"。接着，点击【插入】|【艺术字】，编辑艺术字"1"，并设置其字体属性为"方正姚体、24 磅、白色"。根据效果图调整五边形、圆形和艺术字的位置和叠放次序，并使用复制、粘贴方法完成另外两组的插入和设置。最后，点击【插入】|【文本框】，选择"横排文本框"，根据效果图内容输入文本框信息，并设置文字属性为"方正姚体、24 磅"。

（10）打开第八张幻灯片，点击【设计】|【设置背景格式】，勾选【图片或纹理填充】复选框。点击【文件】按钮，从素材库中选择图片作为背景图片，并设置 70% 的透明度（如图 5-42 所示）。接着，点击【插入】|【艺术字】，编辑艺术字"创新是科学房屋的生命力"，并设置其字体属性为"方正舒体、24 磅"。然后，设置艺术字的填充色为红色到蓝色的渐变色，并为其添加"左远右近"的文本转换效果（如图 5-43 所示）。

图 5-42 设置背景

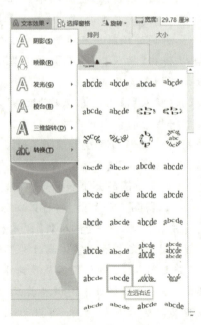

图 5-43 转换效果

项目 5.3　制作"厉害了我的国"演示文稿动画

【效果展示】

"厉害了我的国"演示文稿效果图如图 5-44 所示。

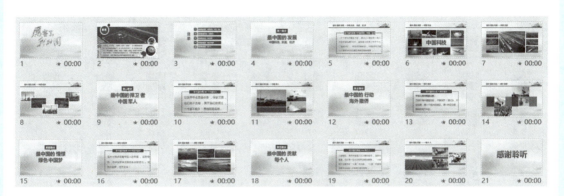

图 5-44　"厉害了我的国"演示文稿效果图

请参照"厉害了我的国.ppsx"文件中的动画效果,为"厉害了我的国"演示文稿添加音频、切换和动画。

【项目要求】

1. 在演示文稿中插入音频。
2. 为演示文稿中的每一张幻灯片设置切换效果,使其在切换时具有动态效果。
3. 根据特效动画的展示需求,为每张幻灯片中的多媒体内容设置相应的动画效果。
4. 根据特效动画的展示要求,设置幻灯片的放映模式,以确保演示的流畅性和观赏性。
5. 将演示文稿保存为放映模式文件,并将文件名以"学号＋姓名＋厉害了我的国特效设计.ppsx"的格式重命名。

【知识准备】

5.3.1　切换设计

幻灯片之间的转换方式,是指在放映过程中,每一张幻灯片进入和离开画面时,通过动画效果所呈现出的视觉效果。PowerPoint 2016 提供了如图 5-45 所示的多种幻灯片切换效果。

操作步骤为:首先,选择要设置切换效果的幻灯片;接着,点击【切换】选项卡;然后,在【切换到此幻灯片】区域中选择一种切换方式;此外,可以点击【效果选项】来设置更加个性化的切换效果;最后,点击【预览】功能组中的【预览】按钮,即可实现快速预览,如图 5-46 所示。

在幻灯片浏览视图模式下设置幻灯片切换效果,可以方便地查看幻灯片的整体切换效果。可以为某一张、某几张或所有的幻灯片设置切换效果。为某一张幻灯片设置切换效果的操作步骤是:选择要设置切换方式的幻灯片,然后设置换片方式。为某几张幻灯片设置相同切换效果的操作步骤是:按住＜Ctrl＞键或＜Shift＞键选取多张幻灯片,然后设置换片方

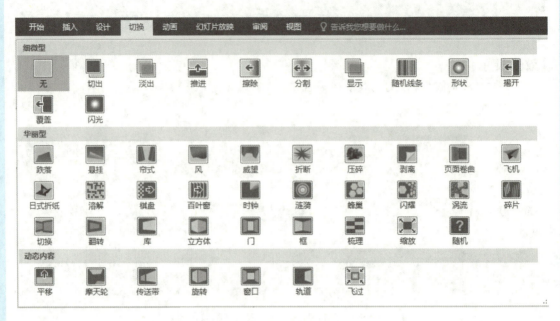

图 5-45 切换效果

图 5-46 设置切换效果及预览

式。为全部幻灯片设置相同切换效果的操作步骤是:选择任意一张幻灯片,设置换片方式后,点击【计时】功能组(见图 5-47)中的【全部应用】按钮。此外,在【计时】功能组中还可以设置幻灯片切换的声音特效、切换速度以及换片方式等。

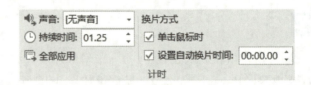

图 5-47 【计时】功能组

5.3.2 动画设计

每一张幻灯片中的多媒体对象都可以在播放时设置动画特效。操作步骤为:首先选择多媒体对象,然后点击【动画】选项卡,接下来可以通过【动画】功能组和【高级动画】功能组进行设置。在【动画】功能组中,点击【其他】按钮会弹出一个下拉菜单,其中包含了多种特效选项,如图 5-48 所示。同样地,在【高级动画】功能组中,点击【添加动画】按钮也会弹出一个下拉菜单,供选择特效选项,如图 5-49 所示。

图 5-48 设置动画特效(1)

图 5-49 设置动画特效(2)

在设置动画特效的下拉菜单中,只会显示一部分动画名称。如果想要查看更多选项,可以点击【更多进入效果】【更多强调效果】或【更多退出效果】,这样会弹出一个包含所有特效样式的对话框。在这个对话框中,绿色图标代表进入特效,黄色图标代表强调特效,红色图标则代表退出特效。这三种特效都分为"基本型""细微型""温和型"和"华丽型"四种类型,如图 5-50 所示。

图 5-50 特效样式

给定的动画特效通常会提供固定的动画路径，但如果想要进行更个性化的设置，可以选择其他动作路径。操作步骤为：首先选择多媒体对象，然后点击【添加动画】按钮，并从下拉菜单中选择【其他动作路径】。接着，在弹出的【添加动作路径】对话框中进行选择，如图 5-51 所示。

添加动作效果后，可以在任务窗格中设置动画的开始时间、持续时间和延迟时间。操作步骤为：首先选择已设置特效的多媒体对象，然后点击【动画】选项卡，并点击【高级动画】功能组中的【动画窗格】按钮。这样，在幻灯片编辑区的右侧就会弹出一个【动画窗格】任务窗格，如图 5-52 所示。另外，也可以直接在【计时】功能组中的对应按钮进行设置，如图 5-53 所示。

在任务窗格中，会显示所有已创建的动画列表，如图 5-54 所示。可以通过鼠标左键拖曳来更改动画的播放顺序，或者通过鼠标右键单击来设置本动画的对应属性，如图 5-55 所示。

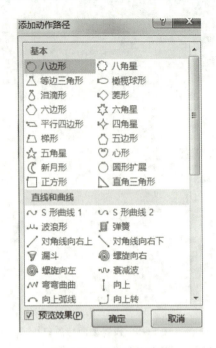

图 5-51　添加动作路径

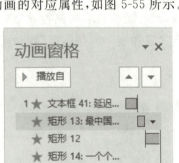

图 5-52　【动画窗格】任务窗格

图 5-53　动画计时设置

5.3.3　幻灯片放映设计

幻灯片放映方式主要分为手动和自动两种。要设置放映方式，可按照以下步骤操作：首先，选择【幻灯片放映】选项卡；接着，在【设置】功能组中找到并点击【设置幻灯片放映】按钮；最后，在弹出的【设置放映方式】对话框中，根据放映需求进行相应的设置，如图 5-56 所示。

此外，还可以通过【开始放映幻灯片】功能组、【设置】功能组以及【监视器】功能组中的按钮进行更多的幻灯片放映设置。

5.3.4　超链接

超链接是一种在播放演示文稿时实现"自由跳转"的有效手段。超链接可以链接到的目的位置包括本文档中的其他幻灯片、其他演示文稿、其他类型的文档、其他应用程序以及网

图 5-54 【动画窗格】列表

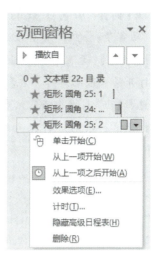

图 5-55 特效属性

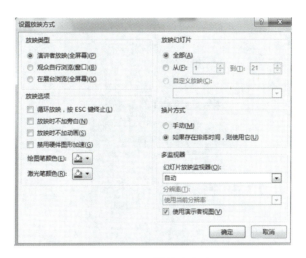

图 5-56 设置放映方式

络资源地址。要设置超链接,可按照以下步骤操作:首先,选择需要设置超链接的多媒体对象;接着,点击【插入】选项卡;然后,在【链接】功能组中点击【超链接】按钮;最后,在弹出的【插入超链接】对话框中,选择想要链接到的对象,如图 5-57 所示。

图 5-57 插入超链接

微课:插入
超链接

【项目实践】制作"厉害了我的国"演示文稿动画

制作"厉害了我的国"演示文稿动画的操作步骤如下。

(1) 打开名为"厉害了我的国"的演示文稿素材。

(2) 打开第一张幻灯片。在【插入】选项卡,选择【媒体】功能组中的【音频】按钮,并在下拉菜单中选择【PC 上的音频】,然后从素材库中插入所需的音频文件。

(3) 打开第一张幻灯片。为幻灯片设置"摩天轮"切换效果。接着,选择"厉害了我的国"艺术字,并为其设置"基本缩放"进入效果。在【效果选项】中,将其设置为"从屏幕底部缩小"。

(4) 打开第二张幻灯片。为幻灯片设置"飞机"切换效果。接下来,选择 11 个"形状"对象,并依次为其设置"缩放"进入效果。这 11 个"形状"对象的列表可参考图 5-58。其中,"矩形 26"设置为"劈裂"进入效果,"Picture 7"设置为"浮入"进入效果,"矩形 27"和"矩形 25"均设置为"擦除"进入效果,"TextBox 19"设置为"挥鞭式"进入效果。这些对象的进入顺序请参考动画文件。

微课:设置切换和动画效果

图 5-58 第二张幻灯片动画列表

(5) 打开第三张幻灯片,并为其设置"跌落"切换效果。动画效果的具体设置请参考动画文件。

(6) 参考动画文件,为其他幻灯片设置相应的切换效果和动画效果。

(7) 将所有切换和动画设置为自动播放模式。

(8) 将文件以"学号+姓名+厉害了我的国特效设计.ppsx"的形式重命名,并选择保存类型为"PowerPoint 放映(*.ppsx)",如图 5-59 所示。

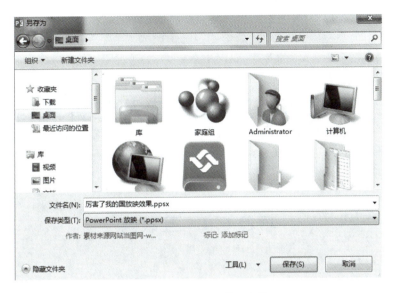

图 5-59　存储动画效果文件

项目 6　互联网与人工智能

项目 6.1　互联网

【项目要求】
1. 了解互联网的发展历程。
2. 了解互联网的组成部分及其分类。

【知识准备】

6.1.1　互联网的发展

互联网,也被称为因特网(Internet),是当今世界上最主要的计算机通信网络,它汇聚了全球的信息资源。通过互联网,我们可以实现网络通信和数据共享。在信息化技术日新月异的今天,互联网上的数据量每天都在以几何倍数增长,用户只需通过搜索引擎,就能迅速找到所需的非保密信息。

20 世纪 60 年代后期,美国国防部高级研究计划局(ARPA,后更名为 DARPA)研制了一个试验性网络——ARPANet(国防部高级研究计划局网络)。在该网络初建时,仅有 4 个节点,这标志着互联网的诞生。

1986 年至 1989 年间,美国国家科学基金会(National Science Foundation,简称 NSF)组建了国家科学基金网 NSFNet。它主要分为主干网、校园网和地区网,主要用于连接当时美国的 5 台超级计算中心。NSFNet 取代了 ARPANet,成为 Internet 的主干网络,并采用了 TCP/IP 协议。这一变革允许私人科研机构、政府和大学的网络加入 Internet,为这些机构提供计算资源。

在这个时期,计算机网络主要用于科研服务。

此后,随着 ARPANet 的解散,Internet 开始从军用转向民用。一些公司发现了 Internet 的商业价值,并在其上开展了一系列商业活动。Internet 在通信、信息检索、客户服务等方面的巨大潜力被充分挖掘出来。越来越多的国家建立了自己的 TCP/IP 网络,并与 Internet 相连。1995 年,当 NSFnet 停止运作时,Internet 的主干网络已经覆盖了全球 91 个国家,Internet 已成为覆盖全球的国际化互联网络。与此同时,Internet 出现了两种标准化的体系结构:TCP/IP 体系结构和国际标准化组织的 OSI 体系结构。

从此,互联网进入了高速发展的阶段。

通过互联网共享的资源,计算机领域得到了飞速发展。计算机网络逐渐成为计算机行业的一个重要组成部分,互联网在这个阶段已经得到了极大普及。互联网上承载的数据资源总量每天都在以几何倍数增加,数据容量单位已经接近泽字节级别。

互联网数据的积累催生了大数据处理技术。对于网络上存在的海量数据,经过专业化处理后,可以提炼出有价值的数据信息(即数据挖掘),用于专业领域的分析和预测。例如,谷歌公司根据5000万条检索数据,成功预测了2009年冬季流感的传播范围。

6.1.2 计算机网络的组成

计算机网络由网络终端、服务器、中间网络设备、传输介质和网络操作系统共同组成。

1. 网络终端与服务器

连入网络的计算机、打印机等设备统称为网络终端。网络服务器通常是一台高性能的计算机,能够同时被多个网络终端访问。网络服务器需要安装网络操作系统才能执行其服务器功能,分为大型服务器和小型服务器。网络服务器是计算机网络的核心设备,网络中的资源需要通过服务器来实现共享和通信,它是资源的中转站。每一段网络数据的传输都经过了众多中间服务器进行中转和处理,最终呈现在用户面前。

2. 网络操作系统

网络操作系统需要安装在网络终端和服务器上,它可以对数据进行处理,完成数据分组、报文封装、建立连接、流量控制、出错重传等工作。一些常见的网络操作系统有Windows Server系列、Linux和UNIX系统等。其中,Linux和UNIX系统的网络功能也是操作系统的重要组成部分。

3. 网络传输介质

网络传输介质是指连接网络上各个节点之间的物理通道,传输介质的质量会直接影响数据传输的效果。目前,网络传输介质主要分为四种:双绞线、光纤、同轴电缆和无线传输媒介。其中,同轴电缆的使用场景逐渐减少,因此本节不再介绍。在选择网络传输介质时,需要考虑五种主要性能:吞吐量和带宽、成本、尺寸和可扩展性、连接器以及抗噪性。

1) 双绞线

双绞线是最常见的传输介质,简称TP。它由两根绝缘铜导线相互扭绕而成,以降低信号干扰。双绞线分为屏蔽双绞线和非屏蔽双绞线两种。双绞线需使用RJ-45或RJ-11连接头插接。值得注意的是,双绞线的传输距离一般在100米以内,若传输距离过长,需要使用中继器进行连接。

2) 光纤

光纤是由一组光导纤维组成的传输介质。光纤利用光学原理,通过传播光束来实现数据的通信。光纤的使用需配有光纤收发器,在发送端和接收端,通过光/电信号的相互转换、解码来发送和接收数据。与其他传输介质相比,光纤具有电磁绝缘性能好、信号衰减小、频带宽、传输速度快、传输距离大等优点。它主要用于长距离传输,并且使用光纤通信不受外界磁场的干扰,可以实现每秒万兆位的数据传送。

3) 无线传输媒介

无线通信是21世纪通信的主要手段之一。无线通信技术的进步离不开无线传输媒介的发展。无线传输主要使用微波作为传输媒介。其中,微波可分为模拟微波和数字微波两种。

4．网络设备

网络设备通常用于连接网络上的服务器和终端，是网络通信的中间节点。它包括信息网络设备、通信网络设备、网络安全设备等。常见的网络设备有交换机、路由器、防火墙、集线器、网关、VPN 服务器、网络接口卡（NIC）、无线接入点（WAP）、调制解调器、5G 基站等。其中，普通用户最常接触到的网络设备是交换机和路由器。

1）交换机

交换机是组成局域网的重要设备。简单来说，一根网线经过交换机的扩展可以连接多台终端。交换机和网桥功能类似，但交换机在功能上更为强大和稳定。它的每个端口都具有桥接功能。

2）路由器

路由器是连接网络的必需设备，它负责在网络之间转发数据报文。路由器提供了信息的转换、包装等功能，可以实现不同网络之间的通信，如局域网与广域网的连接、以太网与帧中继网络的连接等。路由器的 LAN 口具备桥接功能，但路由器可用接口数量有限。

3）调制解调器

调制解调器通常用于广域网和局域网的连接。它的主要作用是将数字信号调制成频率带宽更窄的信号，以适应广域网的频率带宽要求。

项目 6.2　人工智能技术

【项目要求】

1．了解人工智能技术的发展历程。
2．了解人工智能技术面临的挑战。

【知识准备】

6.2.1　人工智能简介

人工智能（artificial intelligence，AI）是计算机科学领域长期以来持续研究的一个重要分支，与基因工程和纳米科学并称为 21 世纪三大尖端技术之一。从神经网络的成功应用开始，人工智能技术近年来飞速发展，在众多学科领域都获得了广泛应用，并取得了丰硕的成果。

1．人工智能的发展历程

自计算机发明之初，人们就希望它能够帮助甚至代替人类完成重复性工作。在年复一年的发展中，计算机已经能够轻松处理一些对人类而言非常困难的问题。然而，在很多人类处理起来轻而易举的事情上，早期计算机的处理结果却不尽如人意。例如，计算复杂的数学公式或从海量数据中检索特定字段，计算机都能轻松应对。但一些小孩子仅凭直觉就能解决的问题，如自然语言理解、图像识别、语音识别等，计算机在处理时却显得颇为费力。这些正是人工智能需要攻克的问题。

人工智能技术的发展历程跌宕起伏，主要分为以下几个阶段。

1)人工智能技术的诞生(20世纪40—50年代)

1950年,艾伦·图灵发表了一篇具有划时代意义的论文,文中描述并预言了一种具备真正智能的计算机,并探讨了创造这种计算机的可能性。由于"智能"概念难以定义,他提出了著名的图灵测试:如果一个人在与隔离的计算机或人类专家交流时,无法辨别回答是来自计算机还是人类,那么这台计算机就具备智能。图灵测试被视为人工智能技术的雏形,至今仍是衡量人工智能技术成功与否的重要参考标准之一。

1956年,以麦卡锡、明斯基、罗切斯特和申农等为首的科学家在美国达特茅斯学院举办了世界上首次人工智能研讨会,共同研究和探讨了用机器模拟智能的一系列问题,并首次正式提出了"人工智能"的概念,标志着这一新兴学科的诞生。

2)人工智能的发展阶段(20世纪50—70年代)

从人工智能概念提出到20世纪70年代初期,人工智能技术逐渐受到科学家的关注。大量专家学者开始研究相关理论,1968年诞生了第一台人工智能机器人Shakey。它需要庞大的主机来支持程序运行,能够根据人类指令抓取积木。

3)人工智能第一个低谷期(20世纪70—80年代)

20世纪70年代中期,人工智能迎来了第一个低谷期。计算机硬件技术的不足严重制约了人工智能技术的发展。人们发现,人工智能技术仍只能执行研究人员严格定义的逻辑,无法实现真正的"智能",甚至在一些基本事务的处理上远不如儿童。同时,研究人员发现,要让计算机达到足够的认知水平,需要程序掌握大量"知识",但当时的技术水平还远未达到这一要求。因此,人工智能技术的发展陷入瓶颈,西方政府和科学委员会开始逐步削减资助经费,甚至一度停止对人工智能技术的研究。

4)人工智能复兴期(1980—1987年)

1981年,日本经济产业省拨款8.5亿美元用于研发第五代计算机项目(当时被称为人工智能计算机)。随后,英国、美国纷纷响应,开始向信息技术领域的研究提供大量资金。此时,计算机技术的发展开始逐渐加速。

5)人工智能的第二个低谷期(1987—1993年)

这一阶段被称为"AI之冬"。在这一时期,计算机专家系统受到研究人员的热捧,但很快发现专家系统的实用性仅限于某些特定情境。理想与现实的落差导致各国对人工智能研究投资经费的再次缩减。

6)人工智能的春天(1993—2011年)

随着计算机技术的飞速发展,计算机硬件技术也发生了日新月异的变化。计算机硬件的进步极大地提升了计算能力,对人工智能技术的发展起到了至关重要的作用。

1997年,IBM公司的超级计算机深蓝战胜国际象棋世界冠军卡斯帕罗夫,成为首个在标准比赛时限内击败国际象棋世界冠军的计算机系统。2011年,Watson作为IBM公司开发的使用自然语言回答问题的人工智能程序参加美国智力问答节目,打败两位人类冠军,赢得了100万美元的奖金。但此时的智能系统仍主要应用于专业领域。

7)人工智能时代的开始(2011年至今)

2012年,加拿大神经学家团队创造了一个具备简单认知能力、拥有250万个模拟"神经元"的虚拟大脑"Spaun",并通过了最基本的智商测试。从此,深度神经网络逐渐取代传统的线性感知机,研究人员开始深入研究基于神经网络的算法。人工智能时代的大繁荣已初现端倪。

2016年,谷歌公司研发的"AlphaGo"战胜围棋棋手李世石,这一次的人机对弈让人工智能正式为世人所熟知。整个人工智能市场也像是被引爆了,开始了新一轮的爆发。

截至目前,人工智能已经在自然语言处理、图像识别、语音识别等领域取得了极大的发展。人工智能技术已广泛应用于人们生活的各个领域。在我国,人工智能技术和物联网技术协同发展,逐渐融入百姓生活,为千家万户提供更多便利。

2. 人工智能技术的研究及应用

当前,人工智能技术在自然语言处理、语音识别、图像识别等领域的研究日益深入,衍生的软件和产品也愈发丰富,人工智能技术正逐步从科学家的实验室走向个人用户。人工智能领域的相关研究大致可以分为以下两种类型。

1)人工智能算法的研究

这类研究致力于针对不同的应用场景,开发出计算更准确、速度更快的人工智能算法,例如图像识别领域的YOLO系列算法、ResNet系列算法,以及语音识别领域的ESPnet算法等。

2)人工智能技术应用的研究

这类研究不再聚焦于人工智能的底层算法,而是利用已经成熟的AI程序来开发相关产品。在我国,一些互联网厂商已经将多种AI功能集成在平台上,用户可以通过调用所需的接口来实现相应的功能。典型的例子有百度的EasyDL、BML等平台,这些平台不断更新可用的人工智能技术接口,逐渐覆盖到应用场景的方方面面。

对算法的研究需要更专业的团队和更深入的技术支持,因此科研机构或高校实验室在这方面的相关研究较多。而对应用产品的研发,个人也能够完成。以百度的人工智能平台为例,用户只需掌握几种常用的编程语言,就可以直接使用平台的接口来调用其功能。

6.2.2 人工智能面临的挑战

大数据和人工智能技术的出现,标志着新一轮技术革命的到来。在诸如工厂流水线、安保、疾病诊断等特定场景中,经过成千上万次的训练,并在大数据计算的助力下,人工智能正逐渐超越人类,取代人类完成大量重复性、机械性的烦琐工作。

智能机器人一直以来都是一个备受关注的话题,不仅在计算机科学研究中占据重要地位,在游戏、电影、文学等其他领域也同样备受瞩目。在神经元网络和深度学习技术成熟之前,世界上的智能机器人都处于初级阶段,无法自主学习,只能严格执行特定指令。然而,随着硬件技术、通信技术、人工智能技术的飞速发展,计算机系统的智能化正逐步成为现实。

波士顿动力公司研发的SpotMini、Atlas、SandFlea等系列机器人已经投入市场使用,在智能家用机器人、军工、救援等领域发挥着举足轻重的作用。谷歌等多家IT公司研发的仿生智能机器人已经通过图灵测试,并能近乎完美地根据场景做出各类表情。在国内,众多行业的客服语音系统已经采用人工智能技术,在节省大量人力资源的同时,服务效率也得到了显著提升。

计算机与人类的沟通交流已不再局限于编程语言,智能化设备正逐渐融入人们的日常生活。然而,在享受人工智能带来的便利的同时,人们也产生了诸多质疑和顾虑:计算机的"智能"极限究竟在哪里?人工智能的发展是否真的在人类的掌控之中?人工智能是否会像电影中那样引发灾难?这些质疑和担忧已成为研究人员亟待解决的重要课题,并催生了一个新的技术领域——对抗性人工智能(OAI)。在未来的人工智能技术发展中,只有将人工智能技术的发展性、安全性、拓展性、可控性相结合,才能确保人工智能技术为用户提供可靠、便捷、安全的服务。

【思考题】

1. 请简述人工智能的发展阶段。
2. 你知道的人工智能设备有哪些?
3. 请列举一些人工智能领域常用的软件名称。